探秘系列中药科普丛书

中国药学会、中国食品药品检定研究院　组织编写

探秘薄荷

马双成　总主编

罗晋萍　康帅　主编

人民卫生出版社
·北京·

探秘
薄荷

马双成，博士，研究员，博士研究生导师。现任中国食品药品检定研究院中药民族药检定所所长、中药民族药检定首席专家，世界卫生组织（WHO）传统医药合作中心主任，国家药品监督管理局中药质量研究与评价重点实验室主任，《药物分析杂志》执行主编，国家科技部重点领域创新团队"中药质量与安全标准研究创新团队"负责人。先后主持"重大新药创制"专项、国家科技支撑计划、国家自然科学基金等 30 余项科研课题的研究工作。发表学术论文 380 余篇，其中 SCI 论文 100 余篇。主编著作 17 部，参编著作 16 部。2008 年享受国务院政府特殊津贴；2009 年获中国药学发展奖杰出青年学者奖（中药）；2012 年获中国药学发展奖食品药品质量检测技术奖突出成就奖；2013 年获第十四届吴阶平 - 保罗·杨森医学药学奖；2014 年入选"国家百千万人才工程"，并被授予"有突出贡献中青年专家"荣誉称号；2016 年入选第二批国家"万人计划"科技创新领军人才人选名单；2019 年第四届中国药学会 - 以岭生物医药创新奖；2020 年获"中国药学会最美科技工作者"荣誉称号。

　　罗晋萍，主任药师，硕士生导师。现任山西省检验检测中心药品检验技术研究所中药标本室主任、中国中药协会中药数字化专业委员会副主任委员、中华中医药学会中药鉴定委员会常务委员。承担山西省科技攻关计划、山西科技基础研究计划、山西科技基础条件平台建设、山西省重点科技创新平台等多项科研项目。获山西省科技进步奖二等奖2项及科研成果多项。编撰专业著作5部，发表学术论文40余篇。

　　康帅，中国食品药品检定研究院副研究员，同时兼任中国中药协会中药数字化专业委员会秘书长。主要从事中药标本馆、中药鉴定、本草文献、中药数字化等方面的研究与工作。组织开展中国食品药品检定研究院中药民族药数字标本平台示范建设，参加国家重大科技专项、国家自然科学基金、国家中医药管理局、青海省科技厅以及香港卫生署等多项科研任务。

中医药是中华文明的瑰宝，为中华民族繁衍生息作出了巨大贡献，对世界文明进步产生了积极影响。中华人民共和国成立以后，党中央、国务院高度重视中医药工作，特别是党的十八大以来，将中医药工作摆在了更加突出的位置。传承创新发展中医药已成为新时代中国特色社会主义事业的重要内容。

国务院发布的《中医药发展战略规划纲要（2016—2030年）》和《关于促进中医药传承创新发展的意见》等政策，对扎实推进中医药继承、创新以及全面提升中药产业发展水平起到了积极作用。

药品安全事关人民群众身体健康和生命安全。健全完善中药质量标准体系、保障中医药服务质量安全，加强中医药监督体系建设，是保障人民群众用药安全有效的必要条件。国务院关于《全面加强药品监管能力建设的实施意见》通过加强中药材质量控制，强化中药材道地产区环境保护和规范化种植，严格农药、化肥、植物生长调节剂等措施，分区域、分品种完善中药材农药残留、重金属限量标准，大力推进了中药质量提升和产业高质量发展。

国家在加强中药质量安全监管的同时，还大力提倡用药基本常识科普教育，增强人民群众的安全用药意识，为此我们编写了《探秘薄荷》科普图书。本书由权威专家和一线中药学工作者共同编撰，全方位介绍了薄荷的历史渊源、规范的种植和生产、严格的质量保证以及合理的临床应用。本书可满足基层医务人员（药店店员、基层药师等）在患者教育和科普宣传中的实际需求，可作为临床用药服务中的基础技术支持，亦可作为对公众进行宣传教育的基础科普蓝本。

本书在编撰过程中，得到了中国药学会的大力支持和指导，得到了魏锋、严华、周建理、胡浩彬、宋希贵、周重建、詹志来、梁呈元、金卓、徐智斌、张宏伟、王兵、张裕民、傅伟云、唐波、汪林、齐承义、吴霜等药学专家及业内人士的大力协助，在此表示衷心的感谢！并向本书的撰稿、编校、出版工作付出辛勤劳动的工作人员致以深深的谢意！希望这部书对传承创新中药文化起到积极的推动作用，成为中医药专业人士和广大公众健康生活的好助手。

编者
2021 年 6 月

目录

第一章 薄荷之源

第二章

薄荷之品

第三章

薄荷之用

第一章

薄荷之源

薄荷，别称银丹草、夜息香等，是一种可以药食兼用的植物，也是一种具有特种经济价值的芳香植物。薄荷性凉，味甘、辛，不仅广泛应用于我国的传统临床医学，也被开发成中成药制剂、保健品、化妆品、食品等众多产品。

薄荷在我国有悠久的栽培历史，种类丰富，分布广泛，其中江苏、安徽两省为薄荷的主要产区。薄荷具有疏散风热、清利头目、利咽、透疹等功效，可用于风热感冒、风温初起、头痛等症。

清·赵瑾叔的《本草诗》中如是说：

薄荷苏产甚芳菲，咬鼠花猫最失威。

泄热驱风清面目，鲜脱发汗转枢机。

种分龙脑根偏异，叶似金钱力岂微。

症见伤寒和蜜擦，管教舌上去苔衣。

第一节　薄荷的传说

在浩瀚无边的自然界中，有许多神奇的植物，点缀着我们美丽的生活和环境。其间，薄荷尤为幽素凉婉，纯粹干净。不起眼的它初看虽显普通，但它通体的翠绿、幽幽散出的清雅凉意让人心旷神怡，神清气爽。薄荷性凉，偏又喜温，生于春，而胜于夏。在万物狂长、薄荷繁盛的季节里，关于薄荷的许多美丽传说就在民间产生，广为流传，延续至今。

一、仙女明塔幻化草，摧折不屈愈芬芳

薄荷是一种富有顽强生命力的绿色植物，对环境条件适应能力强。看似脆弱，实则充满生机和希望。薄荷绿得清凉，仿佛一位少女爱而不得的惆怅。

古老的希腊神话中，有一个关于薄荷的凄美爱情传说：

哈迪斯（Hades），是第二代神王泰坦巨神克洛诺斯与神后瑞亚之子。瑞亚生了许多子女，但每个孩子一出生就会被父亲吃掉。后来在宙斯的帮助下，克洛诺斯才把他腹中的子女们都吐了出来，其中就有古希腊神话中勇猛非凡的冥界之王 - 哈迪斯。

哭河之神科库托斯的女儿明塔（Mentha），是一位温柔美丽的水泽仙女。她深深爱着哈迪斯，并认为当时未婚的哈迪斯也同样深深爱着自己，期盼着有一天可以光明正大地嫁给他，与心爱的人长相厮守。然而哈迪斯却从埃特那山娶回神王宙斯与农业女神得墨忒尔的女儿珀耳塞福涅（Persephone），并宣布立为冥后。明塔知晓后，暗自神伤，但还是天真地想着哈迪斯一定忘不了自己，肯定还会回到自己身边。流言传到了冥后那里，冥后嫉妒明塔的绰约风姿，也为了使冥王忘记明塔，一气之下将她变成了一株不起眼的小草，长在路边任人踩踏。可是内心坚强善良的明塔变成小草后，身上却拥有了一股令人舒服的清凉迷人的芬芳，越是被摧折踩踏就越

浓烈。明塔虽然变成了小草，却由于逆境之下不服输的精神，被越来越多的人喜爱。人们把这种草叫作薄荷（Mentha）。薄荷是清香的，它有一种花语是"再爱我一次"，但爱亦同薄荷一样，渐渐薄凉。时光幽幽，流年寂寂，谁为谁痴，谁为谁狂，谁的心又如薄荷一般凉？

传说之外，古代的希腊人、埃及人、罗马人很早就懂得利用薄荷。古希腊时代，男士常将薄荷涂抹于全身，以求散发出自我魅力；婚礼上，年轻的新娘会运用薄荷和马鞭草来编织头饰，以期有段终身难忘的美好回忆。薄荷因此得到广泛的栽培，后来由古罗马人经希腊传遍欧洲。罗马人喜欢在宴席上顶着薄荷叶编成的头冠，显然是借助它的解毒功能。同时，他们也会用薄荷来制酒。西欧有些地方的人如果喜欢某人，会送给他一盆薄荷，表达赞美与欣赏对方的美德。希伯来人会用它做香水，赋予薄荷催情的属性。也许他们也听说过水泽仙女明塔的故事吧！

明塔，薄荷属的拉丁学名（*Mentha*）因为这个传说变得美丽起来。

二、凤泉绿茶清心神，大展神威破金兵

薄荷独特的芳香气味可以在酷暑给人们带来丝丝凉意，有如微风吹过，但又好像不只是拂过脸颊，而是轻扫了全身

每一个细胞，由里到外的舒爽。相信每一位吃过薄荷糖，喝过薄荷茶，抹过风油精的人都感同身受。它的清凉甚至还能助军打仗呢！

相传南宋时期，岳家军抗金北上，兵至河南新乡。时值酷暑，烈日难当，众官兵口干舌燥，萎靡不振。岳飞大急，如此疲军，何以抗金！正焦虑时，一老叟率众百姓担茶慰军。此茶望之醒目，闻之清神，饮之沁人心脾，毒暑全消。岳飞大喜，问老者此茶何名？老者答："取城北凤泉之水，焙泉边薄荷为茶，此茶名为凤泉绿。"岳飞大笑："有此神物助我，何愁金兵不灭？"随即挥军北上，尽破金兵。"凤泉绿"由此名声大振，成为茗中极品。

明正德元年（1506年）知县储珊、儒学训导李锦编纂《正德新乡县志》（凤泉区当时属新乡县管辖），为新乡县现存的第一部县志，该志记载："药类：薄荷、瓜蒌、茯苓、栗穀、枸杞子、透骨草、半夏、车前子……"据清乾隆十二年（1747年）知县赵开元修、畅俊纂《新乡县志》记载："为香附、为菟丝子、为蛤粉、为艾、为薄荷、为瓜蒌……"河南人民出版社1994年10月出版的新乡市《北站区志》（凤泉区的原名）记载："3.花卉植物草本：芍药、鸡冠花……文竹、荷花、薄荷等百余种。"以上史实充分说明了凤泉薄荷可谓历史悠久，源远流长。

由于薄荷具有较高的营养价值和药用价值，凤泉区种植薄荷从古至今一直未断，并保持着一定的种植面积。特别是近年来，凤泉薄荷得到了进一步保护和开发，加工工艺和水平不断提升，翟记薄荷茶制作工艺被确立为"新乡市非物质文化遗产"，成为了当地农民增收致富的"仙草"。

三、凤凰洗羽化神水，稀世神草扬美名

关于薄荷的药用，还有这样一个故事：

无锡南门外有座保安寺。传说这座寺庙规模较大，有近百个和尚，他们种植了几十亩田的水稻和蔬菜，一到秋季水稻收割、脱粒后，大小和尚都要轮流着用石臼将稻粒舂成大米。一次，两个小和尚舂米时，不小心把石臼的边沿砸豁了，和尚们就把缺口的石臼抬到山门外照墙旁的梧桐树下。

转眼间，五六年过去。一个闷热的午后，两个江西寻宝人来到保安寺，说要买下梧桐树下那只豁了口的旧石臼。当家和尚答应了，江西人说好半月后来取，并再三关照和尚，一定要保护好旧石臼，保持原封不动的老样子。一晃十多天过去了，当家和尚想起此事，认为此人出价不菲，应该给人家一个干净的石臼，便召来两个小和尚，把旧石臼里的水一瓢瓢地舀出来，向照墙前的空地里浇泼，然后再将里面的青苔刷除干净，里外用水清洗了两遍，才放心地回寺里去。

三四天后,江西人如约而至,扛了一只木桶跟着和尚来到照墙边。当看到石臼内已经滴水全无时,一屁股瘫坐在地,半晌说不出话来。当家和尚大惑不解,忙问何至于此。江西人缓缓摇着头,无奈地吐露了真情。原来,这只石臼在无人经过的梧桐树下积满了天水,常引得过往的凤凰来树上歇息,顺便到石臼中饮水,洗羽毛。久而久之,石臼中的水成了神水。他们要买的是神水而不是石臼。神水既已丢尽,石臼又有何用?江西人在神水泼过的土地上转了三圈,对和尚说,三个月后再来,此地肯定会长出稀世之物来。

几天工夫,地里真的慢慢地冒出了碧青的嫩芽,不到半月嫩芽长成了一棵棵植物。这些植物的茎是方形的,叶是对生的,采一瓣放在嘴里嚼嚼,一股清凉味直冲鼻脑。待到这片植物花谢结籽时,两个江西人又远道而来,告知当家和尚这种植物叫薄荷,有祛风散热、止痛健胃的作用,并要了一些种子回去。

从此,无锡的寺前薄荷便开始名声大作,百姓纷纷慕名前来,采摘叶片治疗伤风咳嗽头痛脑热,薄荷的药用价值也就此广泛流传开来。

现代中医认为,薄荷性凉,味辛,具有疏散风热、清利头目、利咽、透疹、辟秽、解毒的功效。主治外感风热、头痛、目赤、咽喉肿痛、食滞气胀、口疮、牙痛、疮疥、瘾疹。薄荷如经文火微炒入药者，称为炒薄荷；若炒至微焦存性入药者，则称为薄荷炭。薄荷炒后辛散之力已缓，发汗力较生品弱，宜用于外感风热有汗之证，可防汗出过多而耗正气；炒炭则擅入血分，可散血分之热。不过生活中炒制品的应用较少。

四、薄荷名称的由来

薄荷作为药材，始见于南北朝雷敩（xiào）的《雷公炮制论》。在此之前的本草著作如《神农本草经》与《名医别录》中均无记载，《伤寒论》诸方中也没有薄荷的记录。清代张锡纯解释：薄荷古时原名苛，最初只用作食物，并没有作药用。

中国古代没有植物分类学，又有"通名""异名"的存在，且产地广泛，故历代本草中对薄荷的称谓不尽相同。《唐本草》称为薄荷，南宋王介的《履巉（chán）岩本草》称猫儿薄苛，明代兰茂的《滇南本草》称野薄荷、升阳菜，刘文泰的《本草品汇精要》称为薄苛，陈嘉谟的《本草蒙筌》称为蔢（pó）荷，李时珍的《本草纲目》有："菝蔄音跋活。蕃荷菜蕃音鄱。《食性本草》称为吴菝蔄，《本草衍义》称为南薄荷，时珍曰金钱薄荷，薄荷，俗称也。陈世良《食性本草》作菝蔄，杨雄《甘泉赋》作茇葀，吕忱字林作茇苦，则薄荷之为讹称可知矣。孙思邈千金方作蕃荷,又方音之讹也。今人药用,多以苏州者为胜,故陈士良谓之吴菝蔺,以别胡菝蔺也"。

现如今,薄荷在各地还有许多别名,如山东夜息花,四川、江苏仁丹草,江苏见肿消,云南水益母、接骨草,四川土薄荷、鱼香草、香薷草等。这些名称和别名多起源于植物形态特征、功效、产地等,或因方音讹传之故。

五、薄荷应用的演变

薄荷的应用在历代本草中均有记载。

唐代《千金·食治》中记载:"蕃荷叶,味苦、辛、温、无毒。可久食,却肾气,令人口气香。主辟邪毒,除劳弊。形瘦疲倦者不可久食,动消渴病。"《新修本草》记载:"主贼风伤寒发汗,恶气心腹胀满,霍乱,宿食不消,下气,煮汁服,亦堪生食。人家种之,饮汁发汗,大解劳乏。"唐代薄荷主要作为菜蔬食用,对薄荷性味功效的认识主要为疏风解热,发汗祛邪。

宋代《证类本草》记载:"味辛、苦,温,无毒。主贼风伤寒发汗,恶气,心腹胀满,霍乱,宿食不消,下气。食疗:平。解劳,与薤(xiè)相宜。发汗,通利关节。杵(chǔ)汁服,去心脏风热。"《履巉岩本草》记载:"性极凉，无毒。"《本草图经》："……古方稀用，或与薤作齑（jī）食。近世医家治伤风，头脑风，通关格及小儿风涎，间多莳（shí）之。"宋代，人们对薄荷的性味认识有所差别。王介在《履巉岩本草》中指出薄荷"性极"，《证类本草》袭前人薄荷性"温，无毒"之说；但这一时期人们对薄荷"疏风解热，发汗祛邪"功效的认识比较统一。

明代《本草品汇精要》记载："薄苛主贼风，伤寒，发汗，恶气心腹胀满，霍乱，宿食不消，下气，煮汁服，亦堪生食，人家种之，饮汁发汗，大解劳乏。"《本草蒙筌（quán）》记载："味辛、苦，气温。气味俱薄，浮而升，阳也。无毒。"《本草纲目》记载："薄荷，辛，温，无毒。主治贼风伤寒发汗，恶气心腹胀满，霍乱，宿食不消，下气，煮汁服之，发汗，大解劳乏，亦堪生食。"《救荒本草》："薄荷一名鸡苏，味辛，苦，性温无毒，一云性平。"《本草乘雅半偈（jì）》记载同《本草纲目》。

清代《本草备要》："薄荷，轻，宣，散风热。辛能散，凉能清（本经温，盖体温而用凉也），升浮能发汗。搜肝气而抑肺盛，消散风热，清利头目。"《本草从新》在《本草备要》的基础上加入了："……疏逆和中，宣滞解郁……"《本草害利》："【害】辛香伐气，多服损肺伤心，虚者远之。【利】辛温（一作凉），入肺肝，芳香开气，发汗解表，能下气,故消食……"《本草求真》记载:"薄荷（专入肝,兼入肺）。气味辛凉。功专入肝与肺。故书皆载辛能发散。而于头痛头风发热恶寒则宜。辛能通气。而于心腹恶气痰结则治。凉能清热。"《本经续疏》记载:"薄荷味辛,苦,无毒。"《植物名实图考长编》记载:"唐本草:薄荷味辛,苦,温,无毒。主贼风伤寒发汗,恶气心腹胀满,霍乱,宿食不消,下气。煮汁服,亦堪生食。人家种之,饮汁发汗,大解劳乏。"清代本草除了沿袭薄荷具"发汗解表,消散风热,清利头目"之说外,还可"搜肝气而抑肺盛,疏逆和中,宣滞解郁""专攻入肝与肺",这些与当今本草记载薄荷药性归经基本一致。

综上,宋代以前薄荷的药性均记载为"味苦、辛、温、无毒"。宋代《证类本草》以及明代的《本草蒙筌》《本草纲目》《本草乘雅半偈》和《救荒本草》中的记载均为"味辛、苦,温,无毒",在疏风解热、发汗祛邪的功效有较统一的认识。至清代,《本草备要》和《本草从新》纠正薄荷性味为"辛能散,凉能清"。《本草求真》描述薄荷药性为"气味辛凉"。后代本草,如《本草正义》、《新编中药志（三）》、《中华药海》、2020 年版《中华人民共和国药典》（以下简称《中国药典》）,均记载为薄荷性味辛凉,具疏散风热、清利头目、利咽、透疹、疏肝行气之功效。

在各行各业飞速发展的当下，薄荷的应用更为广泛。薄荷作为常用中药材，以薄荷药材、薄荷素油和薄荷醇入药，用于多种方剂及中成药的配方中，仅2020年版《中国药典》收载的含有薄荷药材及其素油、薄荷脑的常用中成药就近180种。薄荷不仅是常用中药材，从薄荷鲜茎叶中提取的薄荷油和薄荷醇还可作为芳香剂和调味剂。其中薄荷油就是轻工业的重要原料，用以生产牙膏、糖果、饮料、化妆品、浴液、空气清新剂和香烟等。此外，薄荷植株因其适应性强、易栽培易繁殖也被作为园林植物用作花境等，既可观叶又可观花。在我们日常的饮食中，也随处可见薄荷叶的影子，食物经过薄荷清香的调剂，或是一两片翠绿叶子的点缀，变得更加美观，令人充满食欲！

第二节　薄荷的产地

薄荷为多年生草本植物，生于山野湿地河旁，根茎横生地下，广泛分布于北半球的温带地区，中国各地均有分布，主要产地有江苏、安徽、江西、浙江、河南、台湾等省，其中以江苏、安徽两省产量最大。国外栽培的国家有印度、巴西、巴拉圭、日本、朝鲜、阿根廷、泰国、澳大利亚等国，南半球较少见。

一、薄荷的历史产地

根据《中国植物志》记载，全世界薄荷属植物约有 30 种，主要分布于东北、华东地区与新疆。

唐代以前没有薄荷产地的记载，《新修本草》曰："人家种之"，记载了薄荷为家种。《本草图经》记载了薄荷"旧不著所出州土，而今处处有之"。《宝庆本草折衷》提及了薄荷三组产地：南京和岳州（南京在今河南商丘南，岳州在今湖南岳阳）、吴中（今江苏苏州）和江浙间。宋代方志类，如《乾道临安志》《咸淳临安志》和《梦粱录》皆记载临安（今杭州）有薄荷出产。《新安志》记载新安（今黄山）也出产薄荷。《淳熙三山志》物产志中记载三山（今福州）出产薄荷。至宋代，薄荷已广泛栽培，道地产区为江苏苏州、河南商丘和湖南岳阳。

明代《本草品汇精要》明确指出了薄荷的道地性："舊（jiù）不著所出本州土，江浙处处有之。（道地）出南京岳州及苏州郡学前者为佳。"《本草纲目》记载："今人药用，多以苏州者为胜……吴、越、川、湖人多以代茶。苏州所莳者，茎小而气芳，江西者，稍粗，川蜀者更粗，入药以苏产为胜。"《救荒本草》记载："薄荷，一名鸡苏，旧不着所出州土，今处处有之……东平龙脑岗者尤佳，又有胡薄荷与此相类，但味少甘为别。"《本草乘雅半偈》记载："吴越川湖以之代茗，唯吴地者茎小叶细，臭胜诸方，宛如龙脑，即称龙脑薄荷……"明代薄荷多作茶用或药用。江苏苏州、河南商丘和湖南岳阳为薄荷药材的道地产区。

清代《本草害利》记载薄荷"处处有之，苏产为盛。"《本草从新》记载薄荷"产苏州"。邹澍（shù）的《本经续疏》中记载："……所以然者，此物产于南，不产于北。"

民国时期陈仁山在《药物出产辨》中指出："薄荷产江西吉安府，湖南允州府，河南禹州府，江苏大仓州。"

1963 年版《中国药典》记载薄荷"主产于江苏、浙江、江西等地"。《中国药材学》记载："全国各地有分布、生于溪边、沟边等湿地；常为栽培。主要栽培于江苏、安徽及江西。江苏、安徽所产者为苏薄荷，主销上海、北京、天津等地。其余各地栽培薄荷的多自产自销。"《中药大辞典》记载："薄荷生于小溪沟边、路旁及山野湿地，或为栽培。分布华北、华东、华南、华中及西南各地。"《中药植物原色图鉴》记载道："薄荷我国各地均有栽培，主产于河南、江苏、安徽和江西等省（区）。"《500 味常用中药材的经验鉴别》记载："薄荷商品主要来源于栽培品，亦有少量野生。全国均有分布出产，主产于江苏南通、海门、太仓、嘉定、苏州；江西吉安、泰和、吉水；浙江笕桥、淳安、开化、余杭；四川中江、南川；河北安国等地。"《新编中药志》记载："薄荷生于河旁、沟旁、路边、小溪边及山野湿地。全国各地普遍分布。主产于河南、江苏、安徽及江西等省，大面积栽培，江苏省为薄荷主要产区。"

故薄荷产地依据历代本草记载，唐代本草仅指出"人家种之"，宋代本草以后才有薄荷具体的产地记载，如《本草图经》等本草记载了薄荷在全国范围内均有栽培，主要产于江苏、安徽、浙江、河南、江西等地。江苏苏州太仓及其周边地区为薄荷药材的道地产区。

二、薄荷当代道地产区

我国历代医家十分重视药材产地，在大量总结药性变迁与地域环境关系的基础上，形成了道地药材之说。"道地"本指各地特产，后来演变成货真价实、优质可靠的代词，宋·寇宗奭语："凡用药必须择土地所宜者，则药力具，用之有据。"唐·孔志约语："离其本土，则质同而效异。"道地药材是人们传统公认的且来源于特定产区的具有中国特色的名优正品药材，是该药材原物种在其产地的种系与区系的发展过程中，长期受着孕育该物种的历史环境条件与人类活动而形成的特殊产物。同一物种由于生态环境差别极大，或因物种的性别、年龄、栽培、生理病理、生长阶段，或因加工技术使得该物种所形成的药材质量发生了真伪优劣的变化。

我国民间栽培薄荷历史悠久，一向用作医药和香料。中华人民共和国成立以前种植的品种只是一般的农家种，以江苏地区为主。中华人民共和国成立以后，种植地区由江苏扩大到了江西、安徽、河南、四川、浙江、陕西等省，薄荷的加工工业也随之蓬勃发展。目前，安徽薄荷基地主要分布在亳州、阜阳两地。江苏薄荷基地主要分布在徐州、宿迁。河南薄荷种植为近年来新发展种植地区，因地理位置与安徽亳州、阜阳接壤，交通和交易更加便捷，所以发展更具优势，主要分布在信阳、驻马店、漯河地区。

薄荷对环境条件适应能力较强，但作为道地药材，其生长仍要求特定的自然生态环境条件。薄荷药材的质量与生长环境条件因素关系密切，其中原植物初生代谢和次生代谢所需的温度、光照、水分、土壤等生态环境因素影响最为重要，直接影响到薄荷药材的品质，而判断其品质主要依靠其出油率的高低。在薄荷分布较多的江苏、安徽、河南等多个省份，具有代表性地采集薄荷样品，分别测定其挥发油含量，以《中国药典》关于挥发油 > 0.40% 的标准，进行等级划分，可知江苏东部及西南部、安徽中部、山东东部、浙江北部、黑龙江中东部等地区的薄荷的品质最佳。

年均降水量、最湿季平均温、最暖季平均温是影响薄荷生长分布的最主要生态因素，其次是 5 月平均降水量、最冷季平均温、海拔等因素。这与薄荷的实际生长情况喜湿润、怕干旱相符，且5月平均降水量对薄荷适宜等级的贡献率最高，充足的雨水有利于薄荷的生长。最湿季平均温24.5～29℃、最暖季平均温25.5～29℃最适宜薄荷的生长，这与《中华本草》中提到的薄荷植株生长适宜温度为20～30℃较一致。最冷季平均温度直接影响薄荷能否安全过冬，极寒冷地区不适宜其生存，因而该因素也成为影响薄荷生长分布的重要因素之一。薄荷的最适宜生长区在海拔0～165m，这与薄荷"在海拔2 100m以下地区都可以生长，而以低海拔栽培，其精油和薄荷脑含量较高"的生物学特性相一致。

薄荷生态环境适宜区主要集中于江苏、安徽、河南、湖北、山东等省（图1-1～图1-4），这些地区主要集中在低山丘陵、太湖平原、沿海、大别山脉、鄱阳湖等气候温湿多雨地区，这与薄荷的生长习性相一致。将薄荷中挥发油、有效成分含量和生态环境因子相结合，对薄荷进行品质区划研究，发现薄荷品质最佳区域主要集中分布在江苏东部及西南部、安徽中部、山东东部、浙江北部、黑龙江中东部等地区。这与江苏、安徽等地为薄荷的主产区，其中江苏太仓为薄荷的道地产区，安徽太和县是全国最大的薄荷生产基地的实际情况相吻合。

图 1-1　江苏徐州产地　　　　图 1-2　江苏盐城产地

图 1-3　安徽太和产地　　　　图 1-4　湖北襄阳产地

　　除了生态环境之外，人为因素对薄荷道地产区的形成也起到了巨大作用。自 1957 年起，轻工业部香料工业科学研究所（1956 年成立）对薄荷选育工作持续 30 余年，先后育成了 7 个品种。这些品种后来成为国内主要薄荷产区的当家品种，在育种工作上起到积极的作用。1961 年起，在江苏省农林厅的支持和海门农科所的协作下，在江苏南通、海门 6 个公社进行了为期 3 年的区域试验；1978 年，在江苏东台、安徽阜阳和上海宝山等地进行了大面积区域试验；1983 年，在江苏海安、江都、海门等地进行了多点大面积生产性试验。在江苏、安徽等地开展的薄荷的选种育苗以及种植推广工作，使得这些区域更加坐稳了道地产区的宝座。

第三节　薄荷的价值

　　薄荷在我国唐朝之前主要为菜蔬食用，唐代之后才开始入药。在 20 世纪 80 年代，我国与印度、美国并称为世界三大薄荷油主产国，且亚洲薄荷油的产量一直占据世界首位。所谓"世界薄荷看亚洲，亚洲薄荷看中国"，我国有着"亚洲之香"的美誉。现在的许多清咽润喉的药物或食品中也大多含有薄荷，其价值也日愈显著，主要包括药用价值、食用价值、文化价值、工业价值等方面。

一、薄荷的药用价值

　　薄荷的全草均可入药，历代中医药本草著作中大多记载了薄荷的功能主治，并对其药用价值给予充分肯定，用于外感风热及温病初起的感冒、发热、头痛、目赤、喉痹、口疮、风疹、麻疹、胸胁胀闷等。

　　唐代苏敬对薄荷的性味功效的认识主要为疏风解热、发汗祛邪，在《新修本草》中记载："主贼风伤寒，发汗。恶气心，腹胀满，霍乱，宿食不消，下气。"薄荷清轻凉散，善解风热之邪，多配入辛凉解表剂，与清热解毒药同用，如银翘散。

明代云南嵩明人兰茂也认为薄荷辛以发散，凉以清热，为疏散风热常用之品，亦可用于风热上攻所致的头痛、目赤诸症。在中国现存古代地方性本草书籍《滇南本草》著作中记载："上清头目诸风，止头痛、眩晕、发热。去风痰，治伤风咳嗽，脑漏，鼻流臭涕。退徐痨发热。"薄荷轻扬升浮，清利头目。常与菊花、荆芥、桑叶等同用，如六味汤。

明代医药学家李时珍认为，薄荷不仅可治风热感冒，头痛目赤，咽喉肿痛，芳香通窍，还可用于麻疹不透，风疹瘙痒。常用于麻疹初期或风热外束肌表而疹发不畅，有疏散风热、宣毒透疹功效。故在《本草纲目》中云："薄荷辛能发散，凉能清利，专于消风散热，利咽喉，口齿诸病。治瘰疬，疮疥，风瘙瘾疹。"从上述记载可以看出李时珍对薄荷药用价值的推崇。

薄荷主归肝经并且有疏肝行气的功能，具备芳香走窜的特性，因此可以很好地促进肝气的疏泄功能，而起到解除郁积，调理情志的作用。清朝名医陈士铎认为，薄荷又能入肝、胆，在《本草新编》（又名《本草秘录》）卷之三（角集）

薄荷中记载："薄荷不特善解风邪，尤善解忧郁。用香附以解郁，不若用薄荷解郁更神也……下气冷胀满，解风邪郁结，善引药入营卫，又能退热，但散邪而耗气，与柴胡同有解纷之妙。"从陈氏的记载中首先可以看出，薄荷可疏其郁滞，用于肝郁气滞的胸闷胁痛，比香附的解郁作用更神奇。此外，重则多辅助柴胡等品而建其功，如名方逍遥散中就应用了薄荷，配柴胡、白芍同用。

此外，薄荷芳香辟秽，还可治受夏暑湿秽浊之气所致的痧胀、腹痛、吐泻等证，常配藿香、佩兰、白扁豆等同用。除了内服，可以将薄荷外用，用于夏季痱子、蚊虫叮咬、疮疖等，用后清凉舒适。

中医药是我国土生土长的传统医药学，随着我们对它的保护、继承和发展，人们对薄荷药用价值的推崇越来越高，薄荷的药用价值在群众中具有广泛认同感。

二、薄荷的食用价值

薄荷的野生资源非常丰富，也是我国传统的经济栽培作物。薄荷味辛凉、有特殊的清凉香气，并以其显著的食疗价值、纯天然、无污染及丰富的营养成分等独特优势日益受到人们的喜爱。因此，充分利用薄荷这一野生资源，就地采摘食用，也可加工成野菜产品或添加于食品中调味，既能增加新的蔬菜来源，又可增加营养、香味，减少疾病，对人体起到医疗保健作用，也是一个有发展前景的经济作物。

（一）营养价值

薄荷以嫩茎、叶供食用，食之鲜嫩可口，是一种很好的保健蔬菜，可生食、凉拌或炒菜，其营养价值极高。据检测，干薄荷中含蛋白质、脂肪、碳水化合物、膳食纤维、维生素 B_2、维生素 E、胡萝卜素、还含有人体必需的微量元素钾、钠、铁、锰、锌、铜、磷等，能提供 870kJ 的热量。而鲜薄荷中除了含有丰富的蛋白质、维生素 A 和维生素 C 外，还含有较多强壮骨骼所必需的钙和镁，是绿色蔬菜之王——韭菜的 5 倍以上，在绿色蔬菜中非常难得。

（二）保健价值

薄荷有极强的杀菌、抗菌作用，将它制成茶水等饮品，可预防病毒性感冒、口腔疾病，并可使口气清新。薄荷茶还可以消除胀气，缓解胃痉挛及恶心感，食欲不振，改善调节睡眠，刺激脑部思维，加强记忆力。用薄荷茶漱口，可使齿颊留香，口气清新，并可消除牙肉浮肿的疼痛。

薄荷是一种重要的配酒原料，如法国的查尔特勒酒（Chartreeuse）与波士白薄荷力娇酒 [bol's creme de menthe (white)] 薄荷奶酒就是以薄荷来调味的。薄荷具有清热解毒、清咽的功效。据说，莫吉托是一种海盗饮品，诞生于古巴革命时期的浪漫旧时代，在配制过程中就使用了新鲜的薄荷叶。薄荷油也可与黄酒、米酒按照一定比例混合饮用。

薄荷蜜，其蜜色呈深琥珀色，具有薄荷的特殊香气，可预防感冒、清利头目、利咽，具有较高的药用保健作用。

安徽滁州种植薄荷历史悠久、面积范围广。为此，开发了具有显著区域特色的薄荷蜂蜜。薄荷蜂蜜的主要理化成分可达行业一级标准，而且具有高成熟度、高果糖含量和低葡萄糖含量的食用特性。滁州产薄荷蜂蜜颜色极深，并呈现出总酚酸含量高、抗氧化性强及风味独特的品质优势。

过去通常所说的薄荷蜜（别名为薄荷煎），实际上是薄荷的自然汁与白蜂蜜的各等分比例的混合液，用于治疗舌上生白苔、干涩等。

用新鲜薄荷制作的薄荷糖浆，可作为伴侣添加到咖啡、奶茶等各式饮品中，使其甜蜜中有一丝沁心的香气，具有消暑止渴、预防口腔溃疡的作用。

用薄荷制的口香糖、润喉糖等，能杀灭口腔中的部分致病菌，有利于牙齿保健。同时可以清除口腔异味，使人神清气爽，有滋润咽喉的功效。

（三）香料与食品添加

薄荷作为各类食品的配料，可清凉提神、泻火；在制作料理时使用鲜薄荷，可去除鱼腥及羊膻味；薄荷叶泡水喝，可促进呼吸道黏液分泌，起到化痰作用。

因长期生活在炎热，潮湿地区，常受风湿病、皮肤病的困扰，傣族人民常食用薄荷，凭借其祛风除湿、发散解表的功能，预防和治疗疾病。

从薄荷中提炼的薄荷油和薄荷脑，作为食品添加剂，应用于食品、糖果、茶饮等，不仅清凉芳香，而且可促进消化、增进食欲。如健胃八珍糕、薄荷蜂蜜水等。

三、薄荷的文化价值

（一）薄荷的园艺文化

在我国古代，人们就把薄荷作为观赏植物。汉代著名文学家扬雄在《甘泉赋》中已有汉武帝在甘泉离宫内种植薄荷的记载。宋代彭汝砺的《鄱阳集》中，直接以植物命名的《薄荷》曰："寂淡花无色，虚凉药有神。"宋朝大诗人陆游曾用薄荷花来描绘秋天的景象，诗云："薄荷花开蝶翅翻，风枝露叶弄秋妍。"陆游在诗中并未赞美薄荷花有多美，而是欣赏它所呈现的季节风情。

随着物质条件的改善与精神生活的丰富，人们越来越关注环境的美化和空气的清新，而芳香植物正是实现这一愿望的最佳方式。因为芳香植物在根、茎、叶、花、果实中含有挥发的芳香性物质，将其应用于园林景观中，可营造一个芳香的大环境，实现清新空气、鸟语花香的理想景观效果。在日本和西方发达国家，芳香植物园艺业占有极其重要的位置。目前我国在芳香园艺文化方面也正在逐步缩小与发达国家之间的差距，通过建立芳香植物生态园林、保健绿地等，使园艺文化与中医药文化有机地结合起来，起到优化环境、愉悦身心的作用。

由于薄荷这一植物具备较强的适应性和繁殖能力，常被作为花境观赏的园林植物。在湖岸、溪边、谷地、草坪配植，或点缀于亭廊、山石间都很合适，既可闻香又可观花。在南京的一些居住小区中，房前楼后常有成片的薄荷作为观赏植物。现在更多的居民把薄荷用于居家装饰，把盆栽薄荷摆放于室内或种植于花园，不仅增添了生机，还可以使屋中多了一份清香，更可以在夏季把蚊虫赶跑，真是一举多得，美不胜收。薄荷在园林中可快速覆盖地面，且少有病虫害，值得推广应用。

（二）薄荷的茶艺文化

茶文化是我国几千年文明史的象征之一，而茶的最早发现也是从药用开始的。"神农尝百草，日遇七十二毒，得荼（tú）而解之。"（"茶"由"荼"化而来，古人称茶为荼）。5 000多年前的神农作为农业之神，也是中国医药的发明者。我们的祖先饮茶经历了生吃药用、熟吃当菜、烹煮饮用、冲泡品饮4个过程。无论是平民百姓生活中的"柴米油盐酱醋茶"，还是历史文人生活中的"琴棋书画诗酒茶"，茶都是不可缺少的。久而久之，茶便被人们引入精神文化活动之中，引伸出了茶道、茶礼、茶德、茶艺、茶宴、茶禅之类的概念与形式。西晋张华的《博物志》中记载了"饮真茶，令人少眠"的说法。在漫长的社会发展过程中，薄荷茶的发现及饮用，也同样证实了茶的兴奋、醒脑功能以及各种保健作用。

在我国宋代的《太平圣惠方》中，有专门对薄荷茶的制法、功能主治、用法用量等详细的描述。薄荷茶是一种很受人们欢迎的茶，它在世界各地都享有"令人印象深刻"的声誉，包括薄荷茶能够舒缓消化不良、改善免疫系统、防止真菌感染、促进牙齿健康、减少面部毛发生长和轻微炎症等。自古以来，我国就有在水井周围、渠头地旁、庭院内种植薄荷作为菜用或茶饮的传统。

1854年，翟治平先生创办了"福聚常"商号，目前更名为"老翟记"茗茶有限公司。"老翟记"薄荷茶是河南省新乡市凤泉区的特产，先后荣获第十五届上海国际茶文化节暨茶业博览会"中国名茶"评选金奖、首届武汉茶业博览会金奖、第二届中国（郑州）国际茶业博览会金奖。

在非洲西北部有一个阿拉伯国家——摩洛哥王国（简称摩洛哥），薄荷茶中所使用的绿薄荷，南欧地中海沿岸地区广泛使用于香疗与烹饪，最远大约可追溯至古罗马时期。历经几百年之后，随着贸易频繁，茶叶的价格越来越亲民。现今，薄荷茶发展成为摩洛哥的国民饮品。摩洛哥当地人，喜欢在绿茶花里加入几片新鲜薄荷叶，再加一些冰糖熬煮，作为餐后甜品来饮用，或者作为餐与餐之间的饮料，饮时清凉可口。在走亲访友时，客人需将主人敬的三杯茶喝完，才算有礼貌。

奥地利以及其他许多欧洲国家，很流行喝小茶包的薄荷茶，冲泡开水后，浅黄清澈的茶汁加些糖饮用，真是暖中透凉、清甜无比，凉热交融的感觉很奇妙。

曾有专业人士对薄荷茶的加工工艺进行研究，通过对各加工工艺参数及其化学成分的研究，优选出最佳原材料，即采摘薄荷枝条从上往下数第4～6片叶片，作为薄荷茶加工的原料。采用萎凋工艺可增加薄荷叶的可溶性糖、游离氨基酸和水浸出物的含量；采用蒸汽杀青工艺既保留了薄荷的化学成分，又增强了感官品质；采用揉捻工艺可使薄荷叶细胞破损、汁液外溢，并使其附着于外表面而便于浸出，有利于薄荷叶茶冲泡效果与品质的提高；采用烘干的干燥方式，通过控制烘干温度和时间，从而得到色泽鲜绿、叶香浓厚、滋味鲜醇回甘的薄荷茶。一般来说，薄荷叶茶的冲泡以茶水比例 1 : 75，冲泡时间为 10 分钟，可使有效成分含量和色泽、香气、口感达到最佳效果。

薄荷最简单的食用方法就是摘下新鲜的薄荷叶，清洗后，直接用热水冲泡，对清咽润喉、消除口臭有很好的功效（图 1-5）。

还有用薄荷茶洗头，令头发清爽舒适、清除头皮屑效果特佳，又留下天然香气。

图 1-5 薄荷茶

四、薄荷的工业价值

（一）日化加香杀菌剂

薄荷在轻工业中应用广泛。许多工业制品添加的芳香物质都来源于薄荷，尤其用于日用化工。从薄荷中提炼的薄荷油和薄荷脑用于清洁卫生用品，以增加清香和药效，也是制作各种药油、药膏不可或缺的重要成分，如清凉油、风油精、仁丹等。薄荷用于一些日化产品，如牙膏、牙粉、漱口水等。还可制作香荷包、干花等装饰用品及各式手工艺品。

在冷霜、剃须膏、须后水、花露水、香水、香皂、洁面乳、面膜、保湿水、洗发膏、洗发水、洗手液、沐浴露、防晒霜等护肤化妆品和洗涤用品中也有少量应用。

在空气清新剂、卫生杀菌剂、杀虫剂、面巾、卫生巾，以及除臭杀菌的鞋垫、保健内衣、被褥等家庭卫生用品中加入适量薄荷脑油，既有清凉芳香之功效，又有杀菌消毒之妙用。

（二）烟草矫味剂

薄荷还可用于卷烟矫味。在烤烟时加入加工提取的薄荷脑，可以明显降低烟草的辛辣刺激味，增加薄荷的香味，使吸食卷烟者产生清凉感觉，变得温和而高雅，适口感更强，还能刺激中枢神经系统，并使呼吸感到通畅，更适合妇女和老人。

（三）新型纺织材料

薄荷粘胶纤维是以天然植物薄荷提取物为抗菌剂，与粘胶纺丝液共混而制得的具有抗菌功能的粘胶纤维。它既保留了纤维良好的亲肤、透气性能，又具有天然薄荷的抗菌抑菌、清凉醒目之功效，满足了人们对纺织品天然、绿色、健康的追求。

第四节　薄荷的产业

一、国内薄荷产业

我国薄荷种植历史悠久，近100多年来，国内薄荷产业兴衰几起几落，主要产地也历经变迁。

20世纪初，我国薄荷主产地在江苏和江西，湖南、浙江、广东、四川等地也有种植，主要种植亚洲薄荷，以江苏产量最大，质量最好，主要用于中药材，而薄荷油、薄荷脑基本依赖日本进口。1926年，上海永盛薄荷公司成立，专门精制药用薄荷油、薄荷脑，开始了我国薄荷资源的深度开发和利用，并采取保价收购等措施扶持和提倡薄荷种植业，使薄荷产区不断扩大，仅江苏省就有十余县广泛种植，江苏太仓、南通、海门和嘉定（今属上海市）、崇明等成为薄荷的重点产区，薄荷产品除满足国内需求外，还大量向国外出口，至20世纪40年代初，我国薄荷产额已继日本、英国、美国之后，位居世界第四，并成为与日本齐名的世界天然薄荷脑的主要供应地。

至 20 世纪 70 年代，我国薄荷脑产量已雄踞世界首位，薄荷的主产区也由江苏渐渐移到安徽北部，以太和县为中心，向周边的五河、涡阳、临泉等地辐射。当时，太和县是全国最大的薄荷生产基地和薄荷油出口基地，种植面积的最高年份，全县种植薄荷 28 万亩（1 亩≈667m²），并辐射周边的亳州、界首、临泉、蒙城、利辛等县市，总面积达 38 万多亩，被誉为"薄荷王国，清凉世界"，素有"世界薄荷看中国，中国薄荷看太和"的美誉，当时种植的薄荷主要用于提取薄荷油和薄荷脑。

随着改革开放和中国经济结构的改变，农民的收入更加多元化且薄荷油行情的长期持续低迷，导致从事薄荷种植和薄荷脑加工的收益远低于其他经济作物。20 世纪 90 年代后期，我国的薄荷生产几乎到了崩溃的边缘。据报道，2010 年全国薄荷种植面积仅有 4 000 亩左右。至 2006 年，薄荷主产区太和全县的种植面积仅剩约 500 亩，几近绝迹。每年生产 4 000 吨薄荷油的南通薄荷脑厂曾一度停产。我国从薄荷脑出口大国反变为进口大国。2007 年，我国进口印度薄荷产品量占印度出口总量的三分之二。

受世界薄荷产品价格波动及收入和成本的影响，我国薄荷种植面积和范围也随之变化。据最新调查显示，目前，我国薄荷产地主要分布在安徽、江苏和河南三省，湖北有少量种植。安徽主要分布在亳州、阜阳，江苏主要分布在徐州、宿迁，与安徽亳州、阜阳接壤的河南信阳、驻马店、漯河地区近年来也逐步推广薄荷种植。近几年，在国家振兴乡村经济的政策推动下，薄荷传统种植大县太和县大力发展中药材种植，薄荷种植面积有所恢复，全县约有2万亩，但仍远低于历史高点。由于成本和收入的关系，种植薄荷的目的也不再用于提取薄荷脑、薄荷油，而是直接用于中药材、加工薄荷茶或作为蔬菜直接食用。

随着我国经济水平的提高和科学技术的进步，近年来薄荷产品的开发不断加强，薄荷及其提取物的应用领域也在不断扩大，除传统的医药、食品、化妆品等应用领域，薄荷烟、薄荷枕、薄荷浴液、薄荷织物、薄荷纸张等薄荷健康产品相继开发成功，尤其是近几年以薄荷为原料制成的保健茶深受市场欢迎，并畅销国内外，成为我国薄荷产业新的发展方向。中药材产业信息门户网站"中药材天地网"中，薄荷最新供应信息显示除安徽、江西、河南外，明确标明产地的还有山东、四川、湖北、广西、浙江、湖南、云南、上海、重庆、河北、哈尔滨等11个省份，说明随着健康产品的走热和各地政府调整农村产业结构、惠民政策的实施，薄荷作为一种适应性强、种植管理简单、销路广、收入稳定的经济作物被重新认识和发展，种植地域有扩大趋势，相信随着人民生活水平和健康理念的提高，人们对薄荷产品的需求会越来越多，薄荷产业的发展有着广阔的前景。

本世纪初，除传统的薄荷外，我国科学家成功将椒样薄荷的种苗繁殖能力大幅度提高，新疆、黑龙江等地成功引种了椒样薄荷，为我国薄荷产业引进了新的品种和活力。2003年，新疆椒样薄荷种植面积已达1.3万亩，年产椒样薄荷油80吨，用于食品、化妆品行业的加香产品。近年来，我国东北、华北、黄河三角洲地区开始引种美国薄荷、马薄荷、胡椒薄荷、留兰香等薄荷属香料植物，大力发展薄荷香料产业和园林景观。

二、国外薄荷产业

薄荷类香料是世界天然香料的重要组成部分，世界薄荷类香料主要包括薄荷、椒样薄荷和留兰香精油及其精制品薄荷脑、薄荷酮等。到目前为止，薄荷仍为最重要的薄荷类香料植物。据史料记载，我国唐朝时期薄荷已被广泛种植，用作蔬菜和药材。1 700多年前，薄荷传到日本。19世纪70年代，日本首次从薄荷油中精制出薄荷脑。20世纪30年代，日本已成为薄荷的主要生产国，向世界各国出口薄荷油和薄荷脑。与此同时，英国、美国主要种植椒样薄荷和绿薄荷，法国、德国、意大利等亦有少量种植，所产椒样薄荷油除本国使用外，有少量出口。二次世界大战前，中国和日本是天然薄荷脑仅有的主要供应国，但二次世界大战导致了中国和日本薄荷产业的停滞，促使巴西薄荷的种植和薄荷产业的发展，至 20 世纪 60 年代，巴西一度取代了中国和日本的市场地位。20 世纪 70—90 年代，中国薄荷产业再次发展，薄荷油、薄荷脑产量已雄踞世界首位，出口量占世界总贸易量的80% 以上。20 世纪 50 年代，印度开始从日本引种并大面积推广种植，并开设薄荷油蒸馏工厂，到 20 世纪 90 年代后期，在世界薄荷油大战中，印度凭借其劳动力成本低、政府支持力度大、注重新品种培育等诸多因素，超越了中国、巴基斯坦、斯里兰卡、巴西、阿根廷等国，取代中国成为世界最大的薄荷种植国和薄荷油产品出口国。据报道，印度恒河平原有 8.5 万公顷（1 公顷 = 10 000m^2）土地用于种植亚洲薄荷，约 130 万人参与薄荷种植和蒸馏、精制产业。2010年，印度薄荷提取物出口额约占国际薄荷制品市场的 75%。目前，印度仍然牢牢占据薄荷提取物市场霸主地位。除亚洲薄荷外，印度还种植有椒样薄荷、香柠檬薄荷、留兰香、苏格兰留兰香等薄荷品种，但以薄荷的产量最大。

世界薄荷产品市场上，天然产品一直占据主流地位。但近年来合成薄荷醇的产量在不断上升，对天然薄荷产品市场造成了一定的冲击。自 20 世纪 60 年代后期，众多化学品企业研究合成了左旋薄荷脑，其中，日本在发展合成薄荷脑生产上最为成功。1990 年，薄荷脑取代了香兰素成为销量最高的合成香料。目前，一些合成的薄荷脑替代品乙酸薄荷酯、异戊酸薄荷酯、薄荷酮、薄荷呋喃等薄荷脑衍生物也作为食用或日化香料广泛使用。

三、薄荷深加工——薄荷油产业

薄荷油主要采用蒸馏法制得。20 世纪初，世界亚洲薄荷油脑主要生产国为日本。20 世纪 20—40 年代，自永盛薄荷公司成立后，仅我国上海就先后开设了 20 多家薄荷油脑蒸馏工厂，涌现了"财神""白熊""大华"等薄荷油、薄荷素油及薄荷脑品牌，开始了薄荷油产业的大规模发展时期。抗日战争期间，中国薄荷油产业一度停滞。直到中华人民共和国成立以后，薄荷油产业又得以迅速发展，薄荷油脑提炼厂迅速增加。1956 年，公私合营后的新华薄荷厂（新华香料厂前身）专门生产薄荷油、薄荷脑。1960 年，江苏建成南通薄荷厂，1969 年，其薄荷产品开始使用上海新华薄荷厂的白熊牌商标，辉煌时产量达到每年加工薄荷油 4 000 吨的水平，其产品行销美、英、日等 28 个国家和地区，成为世界名牌产品。1979 年，白熊牌薄荷脑荣获国家金质奖，成为国际市场上名优产品的代名词。中国薄荷脑产品以含脑量高、香气纯正而享誉世界。中国薄荷脑曾一度占世界贸易额的80%以上，出口量占据全球总量的霸主地位。

20世纪90年代后期，巴西、印度的薄荷油产量先后超过中国，位于世界前列。21世纪初，印度的薄荷粗油产量开始激增，2006年达1.65万吨之多，并以每年20%的速度递增。印度薄荷油多为种植薄荷的农民小作坊蒸出精油后，售卖给大型薄荷脑生产企业。目前，天然薄荷脑生产企业主要分布在巴西、中国、印度和日本，巴西最大的天然薄荷脑生产企业是Brbsway公司，薄荷脑生产能力曾经达到每年3 500吨，亚洲薄荷素油4 000吨；印度的Jindal Drugs公司是目前世界上薄荷脑生产量最大的企业，每年以当地薄荷油为原料生产天然薄荷脑2 000吨和超过2 000吨的薄荷素油及三重精馏薄荷油；中国和日本主要以印度进口的亚洲薄荷油为原料生产精制薄荷油和薄荷脑。南通薄荷厂是我国目前保留至今最老的药用薄荷油、薄荷脑生产企业，其设备先进、技术力量雄厚，产品主要作为药用原辅料和食品添加剂，是历版《中国药典》薄荷脑、薄荷素油及历版食品添加剂天然薄荷脑、亚洲薄荷素油、薄荷素油等国家标准的主要起草单位之一。2002年，南通薄荷厂改制为南通薄荷厂有限公司（图1-6、图1-7）。2005年，该厂原料药薄荷脑、薄荷素油生产已通过药品GMP认证，成为国内第一家获得原料药薄荷脑、薄荷素油GMP证书的生产企业，其产品薄荷脑、薄荷素油在2000年前主要出口国外。2000年后主要在国内市场销售，与国内大部分企业一样，目前其薄荷脑、薄荷素油的原料主要为来源于印度的薄荷油。

图1-6　南通薄荷厂　　　图1-7　南通薄荷厂有限公司

第二章

薄荷之品

目前薄荷大多为栽培，其基源的正确、品质的优劣与种植的规范性密切相关，因此，在考虑生境适宜性的前提下，科学规范的种植、采收、加工、贮藏是保证薄荷品质优良的必要条件。

第一节　薄荷的种植

我国薄荷种植历史悠久，最早作为蔬菜食用，后逐渐成为药用。薄荷对气候、土壤、温湿度有一定的适宜性。因此，种植的规范化、采收加工的科学化，对保证薄荷的品质至关重要。

一、道地产区，品质之源

（一）品种情况

薄荷的由来有两种说法，一种认为薄荷是中国本土的植物，另一种认为薄荷是在汉代从波斯传入，"薄荷"是舶来语。

薄荷史载于孙思邈的《千金·食治》。唐代《新修本草》载有"茎方，叶似荏而尖长，根经冬不死，又有蔓生者"，记载了薄荷的植物特征及生长习性。宋代《本草图经》载有"茎、叶似荏而尖长，经冬根不死，夏秋采茎叶，曝干"，记载了薄荷的形态与采收加工。同时还记载了三类薄荷：薄荷、胡薄荷和石薄荷，后二者不作药用。明代《本草品汇精要》有"薄苛春生苗叶似茬而尖长，至夏茂盛其根茎冬不死与胡薄苛相类，但味少甘为别。浙人多以作茶饮之俗呼新罗薄苛"，记载了薄荷与胡薄荷的区别。

薄荷广泛分布于北半球的温带地区，我国主要分布于华北、华东、华中、华南及西南各地。薄荷属植物较多，全世界约有 30 个种，140 多个变种。据《中国植物志》记载，我国现今含栽培种在内共有 12 种，有学者研究认为，我国薄荷属栽培种类，共有 11 种 1 亚种 2 个变种及 2 个变型。

我国薄荷属栽培种类中，薄荷（*Mentha haplocalyx* Briq.）、辣薄荷（*Mentha piperita* L.），留兰香（*Mentha spicata* L.）、皱叶留兰香（*Mentha crispata* Schrad.）等，常作为芳香及药用植物栽培。药用薄荷为唇形科植物的薄荷，而维吾尔医习用的是唇形科植物的欧薄荷。

中华人民共和国成立以前，薄荷基本为农家种植，除内销外，有少量薄荷油、薄荷脑出口，主要产区江苏有"小叶黄""紫薄荷""水晶薄荷"和"黄薄荷"等品种。中华人民共和国成立以后，种植地区由江苏扩大到江西、安徽、河南、四川、浙江等省。从 1957 年起，轻工业部香料工业科学研究所开发了 271、148、18、409、119、68-7、73-8 等 7 个新品种。1972—1984 年，江苏海门农科所培育有"海香一号"和"海选"两个品种，这些品种成为国内主要薄荷产区的优良品种。20 世纪 80 年代初培育出"亚洲 39 号"，90 年代培育出"阜油一号"，90 年代末期培育出"恒进高油"。然而，1999 年，国内薄荷生产出现滑坡后，薄荷技术的研究出现停滞，薄荷生产基本沿用以前的品种和技术。

优良品种有"紫薄荷""青薄荷""73-8""80-A-53""海香 1 号""江西 1 号""亚洲 39 号"和"阜油一号"等。

薄荷植物的主要特征（图 2-1、图 2-2）：茎直立，高 30～80cm，锐四棱形，多分枝，上部被倒向微柔毛，下部仅沿棱上被微柔毛；叶通常长圆状披针形、披针形、椭圆形或卵状披针形，稀长圆形，长 3～5（～7）cm，宽 0.8～3cm，先端锐尖或渐尖，基部楔形至近圆形，边缘在基部以上疏生粗大的牙齿状锯齿，侧脉 5～6 对，上表面深绿色，下表面淡绿色，上、下两面具柔毛及黄色腺鳞，以下表面分布较密。轮伞花序腋生，轮廓球形，花时径约 18mm，愈向径顶，则节间、叶及花序递渐变小；总梗上有小苞片数枚，线状披针形，长在 2mm 以下，具缘毛；花柄纤细，花萼管状钟形，外被微柔毛及腺点，萼齿 5 片，缘有纤毛；花冠淡紫色至白色，花冠喉内部被微柔毛；雄蕊 4 枚，小坚果长卵形，黄褐色，具小腺窝。花期 7～9 月，果期 10～11 月。

图 2-1　薄荷植物　　　　图 2-2　薄荷花

（二）品质概况

薄荷在我国明代的苏、赣、川等省已广泛栽培。《本草纲目》记载："方茎赤色，其叶对生，初时形长而圆，及长则尖。吴越川湖人多以代茶。苏州所莳者，茎小而气芳，江西者，稍粗，川蜀者更粗，入药以苏产为胜"。此书详细记载了薄荷的形态、用途及分布，明确指出了薄荷的道地产区及品质优劣情况。

民国时期的《增订伪药条辨》阐述了各产地薄荷品质的优劣："苏州学宫内出者，其叶小而茂，梗细短，头有螺蜿蒂，形似龙头，故名龙脑薄荷，气清香，味凉沁，为最道地。太仓、常州产者，叶略大，梗亦细，有头、二刀之分，尚佳。杭州笕桥产者，梗红而粗长，气浊臭，味辣，甚次。

山东产者，梗粗叶少，不香，更次。二种皆为侧路，不直入药。"可见，薄荷的品质优劣与产地均有密切关系。

区别薄荷属植物，除根据形态外，还必须与其化学成分的分类相结合。从芳香油的气味与化学成分来区分留兰香和薄荷，含有香芹酮者，原植物称为留兰香；含有薄荷酮者，原植物称为薄荷。目前种植薄荷大致分为三大类：第一类为薄荷，大多数地区的栽培品及部分地区的野生品，其植物形态与化学成分与《中国药典》收载基源相符。轮伞花序腋生，茎、叶、花萼有毛，辛凉味足，是较为稳定的性状特征。挥发油主成分为薄荷脑，与传统品质评价及药用标准描述相符；第二类为留兰香类，茎、叶、花萼无毛或毛少，无凉味，挥发油主成分为香芹酮；第三类为其他类，与《中国植物志》记载的12种薄荷属植物均不一致，而被当作薄荷的植物。例如，臭薄荷、胡薄荷以及植物形态及化学成分均与薄荷特征不符，且挥发油中不含薄荷特征成分薄荷脑、薄荷酮。

因薄荷品种生物学特性产生的生物种性的自行退化、变异等因素，薄荷品种老化、退化和混杂的抗性降低，鲜草产量下降，薄荷叶片薄化，含油量降低。

薄荷药材的品质，以身干叶满、叶多且色淡绿、茎紫棕色或淡绿色，香气浓郁，味清凉者为佳。

野生薄荷一般茎细，分枝较多，叶稀疏且少，叶片薄且狭长，锯齿较深，气味浊。

（三）道地产区生态环境

过去，薄荷主产区有江苏的太仓、南通、海门等 10 余个县市以及上海市的嘉定和崇明等地。太仓市位于长江口南岸的江苏省东南部，历史上曾因吴王及春申君在此设立粮仓而得名"太仓"。南朝时为信义县，元初改为太仓卫，明初为太仓州，民国初年改太仓县，1993 年撤县建立太仓市。太仓地处东经 120°58′ ~ 121°20′，北纬 31°20′ ~ 31°45′。东面濒临长江，与崇明岛隔江相望；西面连昆山市；南面与上海市的嘉定区、宝山区相邻；北面接壤常熟市。太仓气候属于北亚热带南部湿润气候，四季分明。冬季受北方冷高压控制，以少雨寒冷天气为主；夏季受副热带高压控制，天气炎热；春、秋季是季风交替时期，天气冷暖多变，干湿相间。太仓的年平均高温日数偏多，总雨量明显偏少。雨量分布不均匀；日照略偏少。全年平均气温 16℃左右，降水量 853mm 左右，雨日 127 天左右。日照 1 858 小时左右。

另一主产区是南通，现为江苏省的地级市，地处东经 120°12′ ~ 121°55′、北纬 31°1′ ~ 32°43′，位于江苏东南部，长江三角洲北翼，简称"通"，别称静海、崇州、崇川、紫琅等，古称通州。具有"据江海之会、扼南北之喉"的地理优势，隔江与上海及苏南其他地区相望，北接广袤的苏北大平原，被誉为"北上海"。南通成陆至今已有 5 000 多年的历史。自后周显德三年（956 年），南通建城至今已有 1 000 多年的历史。南通属于北亚热带湿润性气候区，季风影响明显，四季分明，气候温和，光照充足，雨水充沛，无霜期长。年平均气温在 15℃左右，平均日照时数达 2 000～2 200 小时，年平均降水量 1 000～1 100mm，且雨热同季，夏季雨量占全年雨量的 40%～50%。常年雨日平均 120 天左右，6～7 月常有一段梅雨。

上海崇明岛主产区位于东经 121°09′30″～121°54′00″，北纬 31°27′00″～31°51′15″，处于长江入海口，三面临江，东南濒东海，西、南分别与江苏常熟、太仓、上海嘉定、宝山、川沙、南汇等县（区）隔江相望，东、北分别与江苏启东、海门市一衣带水。东西长 76km，南北宽 13～18km，形似卧蚕。全岛总面积 1 064km^2（根据 1981 年底土地普查资料，包括永隆沙 22km^2），其中县属 817km^2。另外，崇明岛东、西两端每年还在以 143m 的速度延伸。上海崇明岛地处北亚热带，气候温和湿润，四季分明，夏季湿热，盛行东南风；冬季干冷，盛行偏北风，属典型的季风气候（亚热带季风气候）。崇明岛过去归江苏省管辖，自 1958 年起，嘉定、宝山等地区划入上海市，崇明岛一同被划入上海。崇明岛的年平均气温为15℃，月平均气温以1月的2.8℃为最低，以7月的27.5℃为最高。岛的东、西部气温略有差异，东部年平均温度高于西部，而年较差则低于西部。东部气温变化较平稳，春季气温回升迟于西部，秋季气温下降则比西部稍慢。降水量年平均降水量为1 003mm左右，全年总雨日（日降水量≥0.1mm）最多年为150天，最少年为99天，降水主要集中在4～9月，平均每月降水量都在100mm以上，约占全年降水量的70%。全年平均日照时数为2 104小时左右，以2月日照时数最少，4月、5月、9月、10月日照条件也较差。8月日照时数最多。全年有霜期136天，无霜期229天。

以上产区的地理位置、生态环境基本一致，均适宜于薄荷的生长。

现今薄荷的主产区已由江苏逐渐移到安徽北部，以太和县为主产区，并辐射到五河、涡阳、临泉等周边县。

太和县主产区地处东经115°25′～115°55′，北纬33°04′～33°35′，属于暖温带半湿润气候区。太和县位于安徽省西北部，隶属于阜阳市，地处黄淮平原腹地，位于阜阳、亳州两市之间。东临涡阳、利辛，南依阜阳，西接界首，北与亳州为邻，西北与河南郸城接壤。太和县为全国著名医药集散中心、全国最大的发制品原料集散地、桔梗生产加工基地。太和县的土地肥沃,粮食作物以小麦、大豆、玉米、高粱、红芋、花生等为主,经济作物以芝麻、油菜、棉花、烟叶、薄荷、中药材等见长,尤其是薄荷,素有"亚洲薄荷在中国,中国薄荷在太和"的美誉。

五河县主产区地处东经117°26′~118°04′,北纬32°54′~33°21′。位于安徽省东北部、淮河中游,因境内淮河、浍河、漴河、潼河、沱河五水汇聚而得名。五河县东接江苏省泗洪县,南与嘉山县、凤阳县接壤,西同蚌埠市和固镇县毗邻,北界泗县、灵璧县。五河县受东部季风气候影响,属暖温带过渡型季风气候,为半湿润农业气候区。年平均气温为14℃左右,年降雨量平均为896.3mm左右,年日照时数平均为2 306小时左右,无霜期年平均约为212天。总的气候特征是:四季分明,季风气候显著;气候温和、雨量适中、光照充足,无霜期长,光、热、水资源都比较丰富。

涡阳县主产区地处东经115°53′~116°33′、北纬33°20′~33°47′。位于淮北平原中部,地处安徽省亳州市的中心地带,与豫、鲁、苏三省毗邻,南临利辛县、阜阳市、太和县,北靠河南省永城市、淮北市濉溪县,东壤蒙城县,西邻亳州市谯城区。涡阳县为北亚热带和暖温带的过渡地带,属暖温带半湿润季风气候,其主要特征为:气候温和,雨量适中,雨热同步,光照充足,无霜期较长,光、热资源比较丰富。年平均气温15℃左右，平均日照时数为 2 015 小时左右。受季风气候的影响，涡阳县一方面降水时空分布不均，年内和年际间变化很大，降雨多集中于 7～9 月，约占全年平均降雨量的 53%。年平均降雨量为 809mm 左右，雨量分布由东南向西北递减；另一方面，降水季节性变化明显，一般夏季多，冬季少，春雨多于秋雨。

临泉县主产区地处东经 114°52′00″～115°31′00″、北纬 32°34′49″～33°9′24″，属大陆性暖温带半湿润季风气候区。临泉县位于黄淮平原的西南端，安徽省的西北部。临泉与阜南县相邻，与河南省的平舆县、项城市、新蔡县接壤，北靠界首市和河南省的沈丘县。临泉县气候温暖湿润，降水量适中，日照充足，四季分明。春暖而多雨，冬寒而少雪，夏热而雨水充沛，秋爽而天气晴朗。自然资源资源极为丰富，药用植物有 80 余种。

以上安徽主产区与传统的江苏产区均为气候温暖湿润、日照充足，非常适宜于薄荷的生长。

二、规范种植，品质之根

薄荷的品质与生态环境、土壤性质、繁育方式等因素密切相关，薄荷在栽培过程中还会出现抗逆性和抗病性差等问题，因此规范的种植方式、完善的栽培技术、科学的栽培管理是保证薄荷品质的必要条件。

（一）土地选择及生境要求

生物学特性：薄荷对环境具有较强的适应性，在海拔2 100 米以下地区均可生长，野生与栽培均有，药用以栽培为主，通常选择低海拔栽培，其精油和薄荷脑含量较高。野生品常生于河畔、路边、沟旁、小溪边及山野潮湿地，海拔可达3 500 米。

1. 土壤的选择 在我国北方不少地区土壤的 pH 偏高，而南方的红壤土 pH 偏低。土壤酸碱度对养分的有效性影响也很大，如中性土壤中磷的有效性大；碱性土壤中微量元素（锰、铜、锌等）有效性差。在农业生产中应该注意土壤的酸碱度，选择和土壤酸碱度相适应的作物栽培。薄荷虽然对土壤要求不严，一般土壤均可生长，但以疏松肥沃、排水良好、pH 为 6.0～7.5 的砂壤土最适宜。一般来说，黏土成分80% 左右的称为黏土，60% 左右的称为黏壤土，40% 左右的称为砂壤土，20% 左右的称为砂土。薄荷适宜选择黏土成分为 40% 左右的砂壤土。土壤的酸碱度对土壤肥力及植物生长影响很大，酸碱度过大、土壤贫瘠、黏性过强的土壤不宜于薄荷种植。

2. 地形的选择 一般要求地势较高且平坦，便于机械化作业和排灌。地势低洼、易涝的土地不适宜种植。

3. **光照的影响**　薄荷属长日照植物，喜阳光充足，光照不足不利于薄荷生长。

4. **温湿度要求**　薄荷生长需要温暖湿润、雨量充沛的气候环境，不宜在荫蔽处栽培。温度在 20～30℃时，薄荷最适宜生长。土温在 2～3℃时，薄荷地下茎可发芽；在 5～6℃时，其根茎开始萌发出苗，气温降至 0℃以下时，地上部分开始枯萎，但地下根茎耐寒性较强，可在 -30～-20℃地区安全越冬。

5. **整地**　选好地后，在薄荷种植前需翻地，开沟，并要求施足基肥（图 2-3）。薄荷的生长期对氮、磷、钾肥需求量较大，尤以氮肥为主，氨态和硝基态氮肥更有利于薄荷挥发油的生成。一般施入复合肥 50～75kg/ 亩，或施有机肥 2 500kg/ 亩、磷肥 25kg/ 亩、钾肥 10kg/ 亩、尿素 15kg/ 亩，并需耕翻耙细。

薄荷连续种植会出现病虫害严重、产量减少、品质下降等情况，所以薄荷忌连作。在种植薄荷时，一般每 2～3 年要换地栽植。

整地

图 2-3　整地

（二）繁育方式与栽培技术

1. 繁育方式 薄荷的种植一般采用无性繁殖，常见的繁育方式有根茎繁殖、扦插繁殖和分株繁殖，另外还有组织培养和种子繁殖。大多数产区主要为根茎繁殖，也有一部分产区有扦插繁殖和分株繁殖的方式。

（1）根茎繁殖：也称种根繁殖。根茎繁殖操作简单，成活率较高，时间限制不严，通常在头年10月（秋播）至次年4月（春播）根茎萌发前均可。因秋季种植生长周期长，生根快，芽多根多，苗粗壮，一般以秋播（10月下旬）为好，通常广泛应用。

通常在10月下旬至11月上旬，将整好的土地开沟，沟深6~10cm，行距20~30cm。挑选无病害、无破损、颜色白、节间短、粗壮的一年生留种根茎，同时要保持新鲜，避免根茎风干、晒干。将其切成长6~10cm的小段作为繁殖材料，把种用根茎撒入沟内，随即覆土，土厚约7cm，耙平压实，从而提高其越冬能力。栽种后随即施稀薄有机肥。一般每亩用白嫩新根茎75~100kg（图2-4、图2-5）。

图 2-4　种根

图 2-5　播种

（2）扦插繁殖：也称枝干繁殖。于每年的 5～6 月，将地上茎枝切成长约 10cm 的插条，按照 7cm 左右的行距、3cm 左右的株距，在整好的苗床上进行扦插繁殖，待插条生根发芽后移栽到大田。

（3）分株繁殖：也称秧苗繁殖或移苗繁殖（图 2-6）。该法因简单易行而被广为应用。

选择品种一致、生长良好且无病虫害的田地作为留种土地。秋季薄荷收割后，立即中耕。除草和追肥 1 次，每年

图 2-6　秧苗繁殖

4～5 月，薄荷苗高 6～15cm 时，拔出秧苗进行移栽。移栽时按行距 20cm 左右、株距 15cm 左右开穴，穴深 7～10cm，每穴可栽秧苗 2 株。栽种后用土覆盖并压

紧，施稀薄有机肥，再用浅土覆盖封根。移栽完成后，可在幼苗表面喷施新高脂膜，有效保证土壤水分不蒸发，从而保持秧苗的水分，同时还起到了隔绝病虫侵害的作用。通常在清明前移栽有利于提高产量，倘若推迟到端午之后，产量会下降。

（4）组织培养：薄荷种间杂交现象较为普遍，有性繁殖往往容易造成品种的混杂，所以，一般生产上采用无性繁殖较为常见。但长期的无性繁殖容易导致品种的退化、病虫的侵害以及产量的下降。而通过组织培养繁殖，可以对植株进行脱毒复壮，并且可以保持优良薄荷的遗传稳定性，从而防止品种的过快退化。组织培养技术还可以用来进行薄荷的诱变育种和种质保存。尽管组织培养技术在薄荷的生产中已经较为成熟，但在某些技术环节方面还存在一些限制因素，加之组培苗成本较高，因此，目前在生产上还未得到广泛应用。

（5）种子繁殖：每年 3～4 月，把种子用少量的干土或草木灰混合拌匀，播撒到提前准备好的苗床中，用土覆盖，土层后 1～2cm。再用稻草覆盖，播种后随即进行浇水，一般 14～21 天可出苗。种子繁殖方式由于幼苗生长缓慢，容易发生变异，一般生产上很少采用。

2. **留种**　薄荷容易品种退化和产量下降，需做好留种、选种，常用以下两种方法：

（1）种根培育：于每年 4 月下旬或者 8 月下旬，在田间选择无病虫害、生长健壮且不退化的优良植株作为母株，按照行距 20cm 左右、株距 15cm 左右，移栽至已准备好的留种地里。在初冬收割地上茎叶后，将根茎留在原地作为种栽，1 亩种栽可供大田移栽 7 ~ 8 亩。

（2）片选留种：选择退化和混杂品种少的优质薄荷田块，于每年 4 月下旬，当苗高 15cm 左右时，或者 8 月下旬，当二刀薄荷（第 2 次收割时）苗高 15cm 左右时，在除草的过程中，分两次连根拔除野生种或者其他混杂种，同时拔除劣苗和病苗，可作为留种田。

3. 栽培管理 薄荷在生长期除进行中耕除草、疏通沟道、及时灌溉外，最重要的是追肥。

（1）施（追）肥：通常一年进行 4 次施肥，第一次为 4 月苗齐后，第二次为 5 ~ 6 月生长盛期，第三次为 7 月头刀薄荷收割后，第四次为 8 月下旬二刀薄荷苗高 15cm 左右时。主要以氮肥为主，同时辅助磷酸钾肥。一亩地使用 1 包硫酸钾复合肥，在种植前施入。有条件也可施 2 包生物有机肥，一般为发酵的农家肥。

具体方法为：在苗高 10cm 左右时，施苗肥（尿素，30 ~ 35kg/ 亩），采用株旁点施或雨后撒施方法。根据生长情况，可以施苗肥 2 次，如果一年计划采收 3 次，需多施肥。

在苗高 15cm 和每次收割后及时追肥，每亩 15kg 尿素，或施农家肥 1 500kg，加硫胺 8kg，加水 50kg，还可补施磷酸二铵 10kg。施肥方法在苗旁开沟施入。施后浇水促茎叶快速生长。另外，根据植株长势结合中耕进行追肥，每亩施尿素 10～15kg、或农家肥 2 000kg。肥料可在行间施入。秋季收割后施农家肥和磷肥，有利于薄荷第二年的生长发育。

在苗高 20cm 时，每亩行间撒施 45% 三元复合肥 25kg。后期注意根外施肥，每亩用尿素 150g 加磷酸二氢钾 150g 喷雾。

不同的肥料对薄荷植株的生长发育及其产量、质量有较大的影响，因而，在施肥上要注重按"施足基肥，适时、适量追肥"的原则，和氮、磷、钾合理配合施用。

（2）灌溉：播种后及时灌溉，薄荷喜湿怕涝，以土壤持水量保持在 75%～80% 为宜。出苗后小水勤浇，保持土壤湿润。每次收割后或天旱时应及时浇水，雨季及时排出积水。在每年 6～7 月根据干旱情况灌水 2～3 次。

灌溉

（3）除草：通常在 3 月中上旬，当薄荷出苗 6 片叶、小草刚刚长出时，使用化学除草剂除草。而人工除草往往在 4 月化学除草之后进行。目前，常用化学除草剂为高效阔叶田苗后除草剂，除禾本科杂草，也有人使用名为"薄荷留兰香专用除草剂"的除草剂进行除草。

（4）摘心：即摘掉顶端两对幼叶。当薄荷栽种密度较稀或套种长势较弱时，采取摘心以促进侧枝生长，增加密度。是否采取摘心，应因地制宜。摘心通常在5月，选择晴天中午进行，当栽种密度较大时不选择摘心。

4. 病虫害防治　薄荷主要病害为斑枯病、锈病、黑茎病等，前者危害叶部，多在5～10月发生，叶片染病后，出现暗绿色圆形小病斑，并逐渐扩大、变为暗灰褐色，病部着生黑色小点，叶片逐渐枯萎、脱落。后者主要危害叶和茎，5～6月过湿或过干旱时易发，染病初期，叶背出现橙黄色的粉状夏孢子堆，后期形成黑褐色的粉状冬孢子堆，严重时叶片枯萎脱落，以致全株枯死。一旦发现病害，要及时排除田间积水，发病初期喷洒药物控制，并要求在收获前20天停药。

薄荷主要虫害为小地老虎、蚜虫、银纹夜蛾、斜纹夜蛾等。前者对幼苗产生危害，春季幼虫会咬食苗茎，形成缺苗情况。后者对花蕾与叶子产生危害，叶片会被其幼虫咬食，出现孔洞。可通过规范种植、加强田间科学化管理等措施加以防治。引种时进行植物检疫，选育抗病、抗虫的健壮母株；采取轮作与间作，深耕细作，促进根系发育，使植物生长健壮，增强抗病能力；调节播种期，使植株错过病虫害危害期。并注意适时间苗，合理施肥，能增加植株抗虫能力；定植后浇水使土壤保持湿润，促进新根生长；缓苗后及时中耕除草，促进植物生长茂盛，提升抗病虫害能力；定期检查病虫害发生情况，发现问题及时用药防治并清除病叶。

薄荷种植
基地

薄荷种植基地如图2-7、图2-8所示。

图2-7　薄荷种植基地

图2-8　薄荷种植基地调研

三、应时采收，品质之基

薄荷的采收季节、气候及采收时间、次数等因素均会影响薄荷的挥发油含量。不同地区因气候不同，采收期也有一定差异；而随着天气的阴晴变化，薄荷的挥发油含量也随之变化，晴天采收，薄荷挥发油含量高，而雨天采收则含量低；并且因气候不同，采收次数也不同，温暖无霜地区一年可采收3次，而气温偏低地区则为2次甚至1次。因此，重视科学采收，不仅能提高薄荷的品质，还可以增加产量。

（一）采收与产量

2020 年版《中国药典》要求在夏、秋二季茎叶茂盛或花开至三轮时，选晴天，分次采割，晒干或阴干。薄荷在大多数北方地区一年采收 2 次，而华北地区则为 1～2 次。在南方地区可采收 3 次。第 1 次收割俗称"头刀"，一般在小暑前 5～6 天，叶正茂盛，花未开放时采收。第 2 次收割，俗称"二刀"，一般在秋分至寒露间采收，注意勿受霜冻。具体采收情况可因地制宜。

1. 采薄荷头 于每年的 4 月中、下旬，在一些产区开始采收薄荷头，多用于制作薄荷茶，也有用作蔬菜食用。

采收薄荷头的方式有两种：人工采摘和机械割取。人工采摘是摘取薄荷植株顶端的嫩芽或嫩叶，机械采收是割取薄荷顶部的嫩叶。然后进入烘房低温烘干、制茶。

人工采收　半机械化采
薄荷头　　收薄荷头

2. 收割 薄荷传统经验一年收割薄荷 2 次者，头刀一般于 6 月下旬至 7 月上旬，植株 40～50cm 高时采收，不应迟于 7 月中旬，否则影响第 2 次产量。二刀一般于 10 月上旬开花前进行。一年收割 3 次者，头刀于 6 月上旬，植株长至约1 尺（1 尺≈33.3cm）高时就要采收，否则影响之后的生长。

二刀于9月初左右采收，三刀于11月底左右采收。头次采集的薄荷体长，茎发红，叶大而厚且较稀疏，气味浓，含挥发油量多。第2次采集的体较轻，叶小，气味较弱。具体采收时间，不同产地需要根据当地气候等条件，视情况而定（图2-9、图2-10）。

目前除小规模种植或受地形限制采用人工收割外，大多数薄荷产区采用机械化收割。

半机械化　　机械化收
收割薄荷　　割薄荷

图2-9　薄荷头　　　图2-10　人工收割薄荷

3. 产量及收益　以小规模种植为例，第一茬产量300～400kg/亩，第二茬400～500kg/亩。若一年收二茬，一般在800kg左右；若一年收三茬，年净总产量为900～1000kg。一般头茬价格略高。尤其是薄荷头，约占总收入的50%。如果大规模种植，还会得到当地政府的资助，收益远高于一般种植农作物。

（二）采收与品质

采收时间可对薄荷油含量产生影响，通常按照传统经验，选择晴天，尤其是连续晴天高温后的第 4～5 天，无风或微风的天气，并且在上午 10:00 至下午 5:00 时间段收割，以中午 12:00 至下午 2:00 最好，此时，收割的薄荷叶中所含薄荷油、薄荷脑含量最高。早、晚以及雨后 2 天不适宜采收。

（三）采收注意事项

1. 根茎保护 为保护地下根茎，采收时应在地面干燥后进行收割。

2. 人员防护 有些人群直接接触鲜薄荷会出现皮肤瘙痒等过敏反应，收割时要注意防护。

第二节　薄荷的加工与炮制

一、薄荷的加工

（一）薄荷的产地初加工

不同的采收时间加工方法各不相同。夏季采收，一般在收割后，先将鲜草摊在田中晒至五至六成干时，扎成小把，扎捆时茎要对齐，铡去叶下5cm左右的无叶梗，再晒干或阴干。秋季采收，一般采取直接阴凉风干（图2-11）。但传统加工方法受天气等因素影响较大，晒干时温度过高，易造成挥发油散失，而阴干又容易发霉变质，药材质量难以保证。

目前许多产地采用烘房低温干燥，将采收后的薄荷置于晾晒架上，然后置于烘房低温干燥（图2-12）。一般干燥温度为36℃、38℃、40℃、42℃、45℃，逐步升温，最高50～55℃，不得超过55℃。此方法不仅缩短了干燥时间，而且所得药材色泽美观、香气浓郁、味道清凉、品质优良。

图2-11　田中晾晒　　　　图2-12　烘房低温干燥

（二）饮片加工

薄荷的传统加工方法为：将薄荷全株收割后晒干或阴干、扎捆，销售至饮片生产企业。生产环节再对干燥的薄荷略喷清水，稍润，切制成短段，并再行干燥加工成中药饮片。

但此种方式在药材运输过程中不可避免会出现断枝及叶片脱落，加之切制前需进行药材软化，切制后需二次干燥等程序，势必影响到外观色泽度，同时还易造成气味散失，含量下降。

（三）趁鲜切制

将新鲜薄荷除去泥沙及杂质后，晒至发蔫后再切制成短段，切制时注意无液汁外溢，阴干。

采用趁鲜切制法，不仅能改善薄荷色泽度，还可避免挥发油及薄荷脑含量的损失。目前产地鲜加工的品种已逐渐在《中国药典》以及地方药材标准中收载。薄荷同样可以通过试验研究，建立趁鲜切制的标准规范，不仅可以保证薄荷的质量，还经济、省时。

（四）薄荷深加工

1. 薄荷油　为薄荷的新鲜茎和叶经水蒸气蒸馏、冷冻、部分脱脑加工提取的挥发油。

（1）薄荷油的性状特征：无色或淡黄色的澄清液体；有特殊清凉香气，味初辛、后凉。存放日久，色渐变深。

（2）薄荷油的理化性质：可与乙醇、三氯甲烷或乙醚任意混溶；相对密度为 0.888～0.908，旋光度为 −24°～−17°，折光率为 1.456～1.466。

（3）产地简易制备方法：采用水蒸气蒸馏法提取薄荷油，具体方法为，割下植株后，先去掉下部自然脱落的无叶茎秆部分，将薄荷进行蒸馏。经水上蒸馏所得到的油称薄荷原油，原油再经冷冻、结晶、分离、干燥、精制等工序，即可得到无色透明柱状晶体左旋薄荷醇（俗称薄荷脑），提取部分左旋薄荷醇后，剩余的薄荷油即为薄荷素油，又称薄荷脱脑油。一般 100kg 薄荷茎叶，可出油 1kg 左右。

（4）薄荷油的品质：以无色或淡黄色，澄清透明的油状液体，在温度稍低时，有大量无色结晶析出，并有强烈的薄荷香气，初辛后凉者为佳。

（5）薄荷油的贮藏：遮光，密封，置阴凉处。

2. 薄荷脑 为薄荷的新鲜茎和叶经水蒸气蒸馏、冷冻、重结晶得到的一种饱和的环状醇，为 1-1- 甲基 -4- 异丙基环己醇 -3。

（1）产地简易制备方法：先将薄荷的新鲜茎和叶经水蒸

气蒸馏提取出薄荷油，再将薄荷油在 0℃以下冷却，即有薄荷脑析出。将粗制品进行二次蒸馏、再结晶，即得商品薄荷脑。

（2）薄荷脑的性状特征：无色针状或棱柱状结晶或白色结晶性粉末；有薄荷的特殊香气，味初灼热后清凉。

（3）薄荷脑的理化性质：在乙醇溶液显中性反应。在乙醇、三氯甲烷、乙醚中极易溶解，在水中极微溶解；熔点为 42～44℃，比旋度为 −50°～−49°。

（4）薄荷脑的贮藏：密封，置阴凉处。

3. 薄荷露 为薄荷新鲜茎叶的蒸馏物液。为无色的水溶液，具有薄荷的特殊香气和清凉感。

二、薄荷的炮制

（一）炮制方法

1. 切制 除去老茎和杂质，略喷清水，稍润，切短段，及时低温干燥。

2. 蜜制薄荷 取炼蜜用适量开水稀释，加入净薄荷拌匀，稍闷，置锅内，用文火炒至微黄，不黏手为度，取出放凉。每 100kg 薄荷，用炼蜜 35kg。

3. 盐制薄荷 先将薄荷叶蒸至软润，倾出，置通风处稍晾；再用甘草、桔梗、浙贝母三味药煎汤，去渣，浸泡薄荷至透，另将盐炒热研细，投入薄荷内，待吸收均匀，即可。

4. **炒薄荷** 取薄荷段，照清炒法炒至表面显黄色，即可。

5. **薄荷炭** 取薄荷段，照炒炭法炒至表面焦黑色，内部焦黄色，喷淋清水少许，熄灭火星，取出，晾干。经典名方《医醇剩义》卷二的豢龙汤，具有清泻肝火，凉血止血功效，主治肝火犯肺，迫血上行之鼻衄，处方中就用到薄荷炭。

（二）饮片性状特征

本品呈不规则的段。茎方柱形，表面紫棕色或淡绿色，具纵棱线，棱角处具茸毛。切面白色，中空。叶多破碎，上表面深绿色，下表面灰绿色，稀被茸毛。轮伞花序腋生，花萼钟状，先端5齿裂，花冠淡紫色。揉搓后有特殊清凉香气，味辛凉。

三、薄荷的包装与贮藏

薄荷品质的优劣与其品种、采收、加工、包装、贮藏等因素密切相关。正确的方法对提高薄荷药材及饮片质量，保证临床药效起到重要作用。

薄荷传统的贮藏方法：一般情况下置阴凉干燥处。蜜薄荷饮片还需密闭、防潮。

因薄荷含挥发性成分，受温度等环境因素影响较大，因此采收干燥后，应及时包装和贮藏。通常使用塑料袋密封包装，因其含挥发油，贮藏不当易导致挥发油散失。如果采用速冻或真空包装，再加以环境控制，更有利于保持薄荷的色泽及挥发油含量。无论采用何种包装，均应以低温储存为佳。

第三节　薄荷的鉴别

薄荷属植物众多，但作为药用薄荷使用的品种，2020 年版《中国药典》收载的薄荷来源为唇形科植物薄荷 *Mentha haplocalyx* Briq. 的干燥地上部分。

薄荷的质量鉴别方法主要有性状鉴别、显微鉴别及理化分析方法。这三种方法各有优势，相互补充，可从不同的方面进行薄荷的质量控制。

一、质量标准的历史沿革与现状

1953 年版至 2015 年版的历版《中国药典》均收载薄荷，检验项目从最初的只有性状、显微鉴别，到现在增加的薄层鉴别、含量测定等，质量控制手段不断完善（表 2-1）。但 2015 年版《中国药典》仍存在以下问题：一是项目设置不全面，未建立针对薄荷主要成分薄荷脑的含量测定方法，无法有效控制饮片以次充好、以假充真的问题；二是部分方法专属性较差，薄层鉴别难以区分薄荷及其混淆品。故 2020 年版《中国药典》修订了采用薄层色谱法鉴别薄荷脑的方法，并建立了气相色谱法测定薄荷特征成分薄荷脑的含量测定方法。

1953 年版和 1963 年版《中国药典》中，薄荷的拉丁学名为 *Mentha arvensis* Linn.。李锡文认为，应结合薄荷形态特征和地理分化趋势，将其划分为两大种群，即欧洲、西亚及北美地区的薄荷种群沿用学名 *Mentha arvensis* L.；东亚及热带亚洲的薄荷种群应采用学名 *Mentha haplocalyx* Briq.，故1977 年版之后的历版《中国药典》均将学名修订为 *Mentha haplocalyx* Briq.

表 2-1　历版《中国药典》收载薄荷质量标准情况

药典版本	来源	鉴别	检查	含量	饮片
1953 年版	薄荷 *Mentha arvensis* L. 或薄荷属 *Mentha* 其他植物的鲜叶或干叶	(1)性状鉴别 (2)显微鉴别	异型有机物、酸不溶性灰分	无	切段
1963 年版	薄荷 *Mentha arvensis* L. 的干燥茎叶，均系栽培	性状鉴别	无	无	切段
1977 年版	薄荷 *Mentha haplocalyx* Briq. 的干燥地上部分	(1)性状鉴别 (2)显微鉴别 (3)理化鉴别	茎的比例	挥发油含量	切段

药典版本	来源	鉴别	检查	含量	饮片
1985年版、1990年版、1995年版、2000年版、2005年版	同上	(1)性状鉴别 (2)显微鉴别 (3)理化鉴别 (4)薄层鉴别	叶的比例	挥发油含量	切段
2010年版、2015年版	同上	(1)性状鉴别 (2)显微鉴别 (3)理化鉴别 (4)薄层鉴别	叶的比例、总灰分、酸不溶性灰分、水分	挥发油含量	切段
2020年版	同上	(1)性状鉴别 (2)显微鉴别 (3)理化鉴别 (4)薄层鉴别	叶的比例、总灰分、酸不溶性灰分、水分	挥发油含量、薄荷脑含量	切段

二、薄荷质量控制方法

（一）性状鉴别法——直观的质量控制方法

性状鉴别法是最直观的药材鉴别方法，薄荷为全草类药材，易碎，尤其作为饮片后叶多破碎，观察表面特征时，可以将叶片用水湿润展平后观察。

茎方柱形，有对生分枝，长15～40cm，直径0.2～0.4cm；表面紫棕色或淡绿色，棱角处具茸毛，节间长2～5cm；质脆，断面白色，髓部中空。叶对生，有短柄，叶片皱缩弯

曲，完整者展平后呈宽披针形，长椭圆形或卵形，长2～
7cm，宽1～3cm；上表面深绿色，下表面灰绿色，稀被茸
毛，有凹点状腺鳞。轮伞花序腋生，花萼钟状，先端5齿
裂，花冠淡紫色、白色，花萼有毛。揉搓后有特殊清凉香
气，味辛凉。

鉴别要点：茎上棱角处具茸毛，叶表面被茸毛，有凹点
状腺鳞；揉搓后闻有特殊清凉香气，口尝味辛凉是薄荷的主
要特征。药材中多难以见到花序（图2-13）。

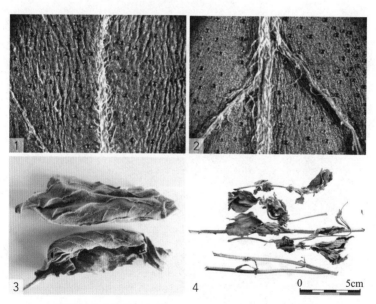

1. 薄荷叶上表面茸毛及腺鳞；2. 薄荷叶下表面茸毛及腺鳞；
3. 叶片；4. 原药材。

图2-13　薄荷药材性状及叶片放大图（放大4×10）

（二）显微鉴别法——微观的质量控制方法

借助显微镜，对薄荷叶表面的腺鳞、小腺毛、非腺毛及气孔进行鉴别。

叶表面观：腺鳞头部具 8 个细胞，直径约至 90μm，柄单细胞；小腺毛头部及柄部均为单细胞。非腺毛具 1～8 个细胞，常弯曲，壁厚，微具疣突。下表皮气孔多见，直轴式（图 2-14）。

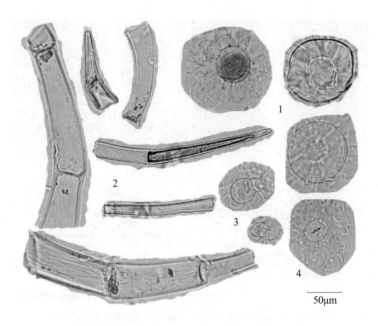

1. 腺鳞；2. 非腺毛；3. 小腺毛；4. 气孔。

图 2-14　薄荷叶显微鉴别图

（三）理化分析法——现代化的质量控制方法

1. 薄荷的化学成分　薄荷为芳香类植物，除了挥发油中含有较多的挥发性成分外，还含有非挥发性成分（图 2-15）。

（1）挥发性成分：挥发油主要存在于叶中，薄荷新鲜叶含挥发油 0.8%~1.0%，干茎叶含 1.3%~2.0%；挥发性油中主要成分为左旋薄荷醇（薄荷脑，menthol），含量 62%~87%，还含少量左旋薄荷酮（menthone）、异薄荷酮（isomenthone）、胡薄荷酮（pulegone）、胡椒酮（piperitone）、胡椒烯酮（piperitenone）、乙酸薄荷酯（menthyl acetate）等。

（2）非挥发性成分：包括黄酮类、有机酸类、氨基酸类等。黄酮类成分中含量较高的包括橙皮苷（hesperidin）与蒙花苷（linarin）其他成分还有异瑞福灵（isoraifolin）、β-胡萝卜苷（β-daucosterol）、薄荷异黄酮苷（menthoside）等。有机酸成分包括迷迭香酸（rosmarinic acid）、咖啡酸（caffeic acid）等。薄荷中含有丰富的人体必需的氨基酸，如丙氨酸、谷氨酸等，并且薄荷的不同组织部位的氨基酸含量不同，叶的氨基酸含量偏高。

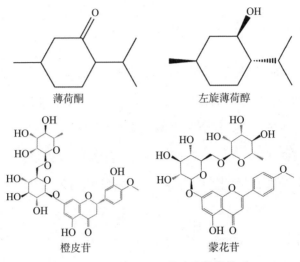

薄荷酮　　　　　　　　左旋薄荷醇

橙皮苷　　　　　　　　蒙花苷

图 2-15　薄荷主要化学成分的结构式

2. 薄荷质量控制方法研究　　近几年，山西省食品药品检验所对薄荷质量控制方法进行研究。在原有标准的基础上，改进了《中国药典》薄层鉴别方法（见图 2-16）、新建了气相色谱法（见图 2-17）测定薄荷中特征成分薄荷脑（薄荷醇）的含量，有效保证了药材的质量。

（1）改进后的薄层色谱方法：2020 年版《中国药典》对2015 年版《中国药典》标准薄层色谱鉴别方法中供试品溶液制备、展开剂比例及显色剂进行优化，使薄层色谱更清晰，提高了结论的准确性。

取本品粗粉 1g，加无水乙醇 10ml，超声处理（功率

250W，频率 50kHz）20 分钟，滤过，取滤液，作为供试品溶液。另取薄荷对照药材 1g，同法制成对照药材溶液。再取薄荷脑对照品，加无水乙醇制成每 1ml 含 2mg 的溶液，作为对照品溶液。照薄层色谱法试验，吸取上述 3 种溶液各 5～10μl，分别点于同一硅胶 G 薄层板上，以甲苯-乙酸乙酯（9 : 1）为展开剂，展开，取出，晾干，喷以 2% 对二甲氨基苯甲醛的 40% 硫酸乙醇溶液，在 80℃加热至斑点显色清

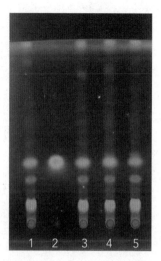

紫外光灯（365nm）下检视
1. 薄荷对照药材；2. 薄荷脑对照品；3～5. 薄荷药材。

图 2-16　薄荷药材薄层鉴别色谱图

晰，置紫外光灯（365nm）下检视。供试品色谱中，在与对照药材色谱和对照品色谱相应的位置上，显相同颜色的荧光斑点（图 2-16）。

（2）气相色谱法测定薄荷脑的含量。

色谱条件与系统适用性试验：聚乙二醇为固定相的毛细管柱（柱长为 30m，内径为 0.32mm，膜厚度为 0.25μm）；程序升温：初始温度 70℃，保持 4 分钟，先以每分钟 1.5℃的速率升温至 120℃，再以每分钟 3℃的速率升温至 200℃，

最后以每分钟30℃的速率升温至230℃，保持2分钟；进样口温度200℃；检测器温度300℃；分流进样，分流比5∶1；理论板数按薄荷脑峰计算应不低于10 000。

对照品溶液的制备： 取薄荷脑对照品适量，精密称定，加无水乙醇制成每1ml约含0.2mg的溶液。

供试品溶液的制备： 取本品粉末（过三号筛）约2g，精密称定，置具塞锥形瓶中，精密加入无水乙醇50ml，密塞，称定重量，超声处理（功率250W，频率33kHz）30分钟，放冷，再称定重量，用无水乙醇补足减失的重量，摇匀，滤过，取续滤液，即得。

测定法： 分别精密吸取对照品溶液及供试品溶液各1μl，注入气相色谱仪，测定，即得（图2-17）。

结果： 药材按干燥品计算，含薄荷脑（$C_{10}H_{20}O$）不得少于0.20%。饮片按干燥品计算，含薄荷脑（$C_{10}H_{20}O$）不得少于0.13%。

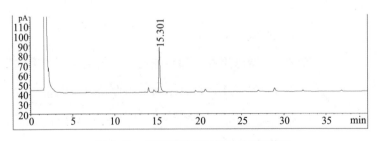

图2-17 薄荷脑含量测定气相色谱图

三、薄荷的商品规格与等级划分

根据 2018 年中华中医药学会发布的团体标准，薄荷中药材商品规格等级划分为选货与统货，根据叶子所占比例、叶子的新鲜程度及清凉气味的浓郁程度分为一等、二等、统货 3 个等级，由于薄荷的挥发性成分主要存在于叶中，含叶率越高，等级越高。与历来强调的"气清香，味凉沁为最道地"相吻合。

1. **选货** 分为一等、二等 2 个等级。一等品较新鲜，叶色泽接近于新鲜薄荷叶的色泽，上表面深绿色，下表面灰绿色，叶所占比例大，大于或等于 40%，清凉香气更浓郁。二等品叶的色泽弱于一等品，叶上表面淡绿色，下表面黄绿色，叶所占比例小于一等品，为 35%~40%，清凉香气淡。

共同点： 茎多呈方柱形，有对生分枝，棱角处具茸毛。质脆，断面白色，髓部中空。叶对生，有短柄，叶片皱缩卷曲，展平后呈宽披针形、长椭圆形或卵形。轮伞花序腋生。揉搓后有清凉香气，味辛凉。

区别点： 一等品，茎表面呈紫棕色或绿色，叶上表面深绿色，下表面灰绿色，揉搓后有浓郁的特殊清凉香气，叶所占比例大于 40%。二等品，茎表面呈淡绿色，叶上表面淡绿色，下表面黄绿色，揉搓后清凉香气淡，叶所占比例在

35%~40%。

2. 统货 茎多呈方柱形，有对生分枝，表面呈紫棕色或淡绿色；棱角处具茸毛，质脆，断面白色，髓部中空。叶对生，有短柄，叶片皱缩卷曲，展平后呈宽披针形、长椭圆形或卵形。轮伞花序腋生。叶呈黄棕色、灰绿色。揉搓后有特殊清凉香气淡，味辛凉。叶所占比例大于30%。

注：（1）2020年版《中国药典》收载的药用部位为薄荷的地上部分，上述规格等级划分与《中国药典》药用部位相吻合。但在市场上还有部位为全叶的规格，其性状为"叶对生，有短柄，叶片皱缩卷曲，展平后呈宽披针形、长椭圆形或卵形，微具茸毛。上表面深绿色，下表面灰绿色，揉搓后有浓郁的特殊清凉香气，味辛凉"，供茶饮或药用。由于全叶与《中国药典》药用部位不一致，故未制定全叶的规格等级标准。

（2）2020年版《中国药典》规定药材的含叶率不低于30%，由于切制成饮片后，叶子多破碎，故对饮片的含叶率没有要求，但必须保证一定的含叶率，因为挥发油成分主要分布于叶中，《中国药典》对于饮片既有挥发油含量的要求，也有挥发油中薄荷脑的含量测定限度要求。

第四节 此"薄荷"非彼"薄荷"

一、薄荷的质量问题及混淆品介绍

（一）薄荷存在的质量问题

在对标准检验、药材市场、种植、野生基地的调研中发现，药用薄荷的品种除了《中国药典》规定的品种之外，有部分混淆品或不符合《中国药典》规定的品种在充当薄荷使用。由于植物形态相近，部分经营者、使用者经验不足，导致市场错用、误用现象时有发生。存在的问题主要有：

1. 将留兰香类及同属其他植物当薄荷错用、误用，其植物形态及化学成分均与《中国药典》不符。

2. 个别地区存在连作现象，会导致薄荷原油品质下降，薄荷脑含量降低。

3. 长期栽培，可能导致品种老化、退化，混杂严重及栽培变异。

4. 个别地区野生品，凉味较弱，挥发油中薄荷脑含量低，而胡薄荷酮含量高，品质较差。

（二）薄荷的混淆品

目前，市场上薄荷的主要混淆品为留兰香类药材和臭薄荷。根据其性状的区别及所含的化学成分的不同，采用性状、微性状、薄层色谱法、气相色谱法进行鉴别。

1. 留兰香类药材　唇形科植物留兰香 *Mentha spicata* L.、皱叶留兰香 *Mentha crispata* Schrad. ex Willd. 或其他留兰香类植物的地上部分。挥发油中主成分为香芹酮，含量 50% ~ 78%，不含薄荷脑。其中留兰香 *Mentha spicata* L. 收载于《贵州省中药、民族药药材标准》2019 年版，性味辛，微温，具有疏风散热、解表和中、理气止痛的功效。薄荷，性味辛、凉，具有疏散风热、清利头目、利咽、透疹、疏肝行气的作用。二者虽然功效相近，但仍有不同之处，所含化学成分也不同，故不能替代薄荷。

2. 臭薄荷　栽培地以薄荷的名义错种、误种的植物，应为唇形科薄荷属植物，当地称之为臭薄荷，但其植物来源难以确定。性状不具薄荷的清凉味，挥发油中 2-（3- 甲基 -2 甲酰基环戊基）丙烯醛为主成分，含量占比达 56% ~ 62%，不含薄荷的特征成分薄荷脑，不能作为薄荷药用。

二、薄荷及其易混品的鉴别

薄荷为草类药材，干燥后叶片容易碎断，尤其在药材切段加工为饮片后，叶片不再完整，叶片小而碎，仅仅依靠性状难以辨别，无经验者准确区分更是比较困难。故针对薄荷的特性，除了一般性状鉴别之外，辅佐以显微性状鉴别、薄层色谱法、气相色谱法对薄荷及其混淆品进行鉴别研究。在对薄荷掺有留兰香伪品的鉴别中，可以采用薄层色谱法进行初筛，气相色谱法和气相色谱—质谱联用的方法进一步验证。

（一）原植物、微性状鉴别

1. 薄荷 同"薄荷质量控制方法"项下的薄荷性状特征（见图2-18、图2-19）。

图 2-18　薄荷的原植物图

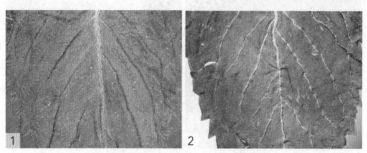

1. 薄荷叶上表面；2. 薄荷叶下表面。

图 2-19　薄荷叶微性状鉴别（体式显微镜 1×10）

2. 留兰香类 茎钝四棱形，有对生分枝，表面暗绿色带紫红色，无毛或近于无毛，具槽及条纹；质脆，断面白色，

图 2-20　留兰香的原植物
图（山东殷巷镇）

髓部中空。叶无柄或近无柄，多皱缩，完整者展平后披针形至椭圆状披针形，先端锐尖，基部宽楔形至近圆形，边缘具尖锐而不规则的锯齿，上面绿色，下面灰绿色，有凹点状腺鳞。轮伞花序腋生或分枝顶端，花萼多无毛。叶揉搓后有特殊悦人香气，似鱼香气，味辛，无凉感（图 2-20、图 2-21）。

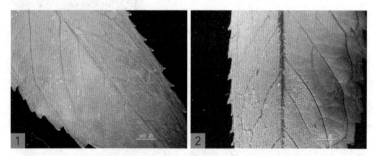

1. 留兰香叶上表面；2. 留兰香叶下表面。
图 2-21　留兰香叶表面微性状（体式显微镜，1×10）

3. 皱叶留兰香　与留兰香基本一致，只是叶皱波状，网状脉纹明显，叶卵形或卵状披针形，圆柱形穗状花序生于分枝顶端，花萼多无毛（图 2-22、图 2-23）。

图 2-22　皱叶留兰香的原植物图（广东）

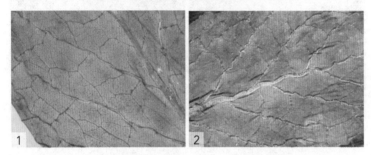

1. 皱叶留兰香叶上表面；2. 皱叶留兰香叶下表面。

图 2-23　皱叶留兰香叶表面微性状（体式显微镜，1×10）

4. 臭薄荷　与留兰香基本一致，轮伞花序腋生，花萼无毛，叶揉搓后有特殊臭味，味辛，无凉感（图 2-24、图 2-25）。

鉴别要点：混淆品与正品薄荷的性状区别在于，正品茎节处、叶表面及花萼苷毛明显，而混淆品茎

图 2-24　臭薄荷的原植物图（河北）

节处、叶表面及花萼几乎无茸毛或茸毛较少。另外二者的气味差异明显，薄荷由于含有大量薄荷脑，凉感浓，凉味与薄荷口香糖的味道相近。而留兰香及臭薄荷不含薄荷脑，虽然有挥发油的气味，但是无薄荷特有的辛凉味。

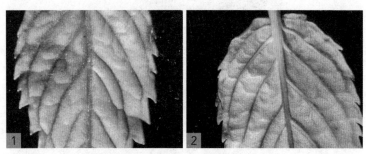

1. 臭薄荷叶上表面；2. 臭薄荷叶下表面。
图 2-25 臭薄荷叶表面微性状（体式显微镜，1×10）

（二）薄层色谱法

根据薄荷及其混淆品挥发油成分的不同，以薄荷为对照药材，以薄荷脑、香芹酮为对照品，建立了薄层色谱法鉴别薄荷及其混淆品：

取本品 2g，加水 200ml，并在挥发油测定器中加入乙酸乙酯 2ml，照挥发油测定法（《中国药典》2020 年版四部通则 2204）保持微沸 2 小时，分取乙酸乙酯液（或取含量测定项下的挥发油，用乙酸乙酯稀释至每 1ml 含有原药材 1g 的溶液），作为供试品溶液。另取薄荷对照药材 2g，同法制成对照药材溶液。再取薄荷脑、香芹酮、胡薄荷酮对照品，加乙酸乙酯制成每 1ml 含 0.2mg 的溶液，作为对照品溶液。照薄层色谱法（四部通则 0502）试验，吸取上述两种溶液各 5μl，分别点于同一硅胶 G 薄层板上，以环己烷 - 乙酸乙酯（19∶1）为展开剂，展开，取出，晾干，喷以 2% 对二甲氨基苯甲醛的 40% 硫酸乙醇溶液，在 80℃加热斑点显色清晰，置紫外光灯（365nm）下检视。

结果：薄荷及其混淆品薄层色谱斑点差异明显，见图 2-26。薄荷的主斑点为薄荷脑，劣质薄荷中薄荷脑斑点较弱，部分地区野生薄荷主斑点为胡薄荷酮，不含薄荷脑，不能作为薄荷药用。而留兰香中检出香芹酮的特征斑点，虽然香芹酮和胡薄荷酮有时位置接近，但香芹酮颜色为亮黄色，而胡薄荷酮为橙黄色，较易判断，此方法可作为薄荷中掺有留兰香的检查初筛的补充检验方法。臭薄荷中既没检出薄荷脑，也未检出香芹酮。

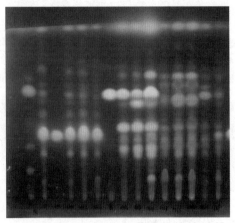

紫外光灯（365nm）下检视

1. 胡薄荷酮对照品；2. 薄荷对照药材；3. 薄荷脑对照品；4～6. 薄荷样品；7. 香芹酮对照品；8～10. 留兰香样品；11～13. 臭薄荷；14. 四川野生薄荷；15. 劣质薄荷。

图 2-26　薄荷、留兰香、臭薄荷挥发油的薄层鉴别色谱图

（三）气相色谱法及气相色谱 - 质谱联用法

薄荷属植物众多，再加上栽培变异，化学成分常有变化，但有一定的规律性。根据不同植物挥发油成分的不同，采用气相色谱法进行鉴别。薄荷挥发油中主要成分为薄荷醇（薄荷脑），留兰香类挥发油中主要成分为香芹酮，臭薄荷挥发油中主要成分为 2-（3- 甲基 -2 甲酰基环戊基）丙烯醛。

1. 气相色谱法

色谱条件与系统适用性试验：色谱柱为 5% 二苯基 -95%

二甲基聚硅氧烷固定相的毛细管柱（30m×0.32mm×0.25μm）；FID检测器，温度300℃；进样口温度200℃；分流进样，分流比10∶1；柱温为程序升温（见表2-2）。

表2-2　柱箱升温程序

升温速率/（℃/min）	柱箱温度/℃	保持时间/min
0	70	4
1.5	120	0
3	200	0
30	230	2

对照品溶液的制备：取薄荷脑、香芹酮对照品适量，精密称定，加乙酸乙酯制成每1ml含50μg的溶液，即得。

供试品溶液的制备：取薄层色谱法项下的供试品溶液，用乙酸乙酯稀释至每1ml含有原药材0.25g，作为供试品溶液。

测定法：分别精密吸取对照品溶液与及供试品溶液各1μl，注入气相色谱仪，测定（图2-27～图2-29）。

结果：薄荷挥发油中主成分为薄荷脑、薄荷酮，考察多批次薄荷样品，薄荷脑在挥发性成分中占比达到52%～88%，建议在薄荷脑含量符合规定的同时，薄荷脑占比应达到50%以上。留兰香挥发油中主成分为香芹酮，不含薄荷脑。臭薄荷挥发油中不含薄荷脑，以 2-（3- 甲基 -2 甲酰基环戊基）丙烯醛为主成分。此方法可作为薄荷中掺有留兰香的检查的补充检验方法，如果在香芹酮保留时间处有干扰时，应采用 GC-MS 的方法进一步确证。

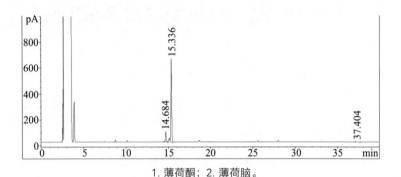

1. 薄荷酮；2. 薄荷脑。

图 2-27　薄荷挥发油的气相色谱图

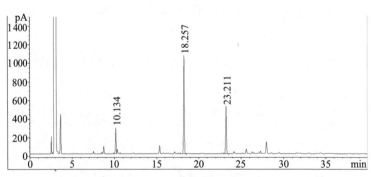

1. 柠檬烯；2. 香芹酮；3. 2-（3- 甲基 -2 甲酰基环戊基）丙烯醛。

图 2-28　留兰香挥发油的气相色谱图

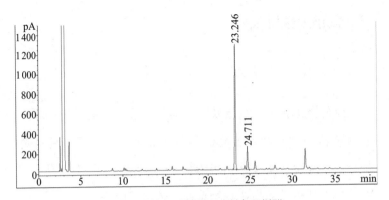

1. 2-（3-甲基-2甲酰基环戊基）丙烯醛。

图 2-29　臭薄荷挥发油的气相色谱图

2. 气相色谱 - 质谱联用法　在采用气相色谱法检测薄荷中是否掺有留兰香时，一些成分可能在与香芹酮保留时间相近的位置上有干扰，会导致难以判断，这时需要采用气相色谱 - 质谱联用法进一步确证。

色谱、质谱条件与系统适用性试验：毛细管柱、柱温同气相色谱法；以质谱作为检测器；离子源为电子轰击源（EI）；全扫描方式，扫描范围：20 ～ 1 000m/z。

供试品溶液、对照品溶液的制备：同气相色谱法。

测定法：分别精密吸取供试品溶液和对照品溶液 1μl，注入气相色谱 - 质谱联用仪，记录色谱图。

结果判断：比较对照品溶液及供试品溶液的质谱，以确证供试品中是否含有香芹酮。

　第二章　薄荷之品

三、混淆原因解读

（一）同属植物众多

薄荷属植物人工栽培及野生品种众多，作为经济作物，主要种植品种有薄荷、胡椒薄荷、留兰香；野生品种有薄荷、东北薄荷、辣薄荷（胡椒薄荷）、灰薄荷、唇萼薄荷等；同时外来品种及作为花卉的品种也较多。由于薄荷的长期栽培，多型性和种间杂交以及丰富的遗传变异，薄荷属植物的形态种的确定比较困难。

（二）名称相近

薄荷及其易混品名称相近，薄荷和留兰香均为药食同源的植物。留兰香通常称为绿薄荷、留兰香薄荷、香薄荷、青薄荷、香花菜、鱼香菜，既是常用香料来源，又是地方习用药材，同时也作为蔬菜应用。由于药用薄荷与食用薄荷容易混淆，导致留兰香常替代薄荷药用。

（三）形态相近

薄荷、留兰香类、臭薄荷形态相近，同为唇形科薄荷属植物，植物形态及其性状相似之处较多，均为茎四棱，叶对生。茎均为方柱形，断面白色，髓部中空；叶片呈披针形、宽披针形、椭圆状披针形或卵形，并均有凹点状腺鳞。尤其在药材切段加工为饮片后，叶片不再完整，叶片小而碎，准确区分比较困难，容易混淆使用，常发生错用、误用现象。

（四）认识误区

人们对薄荷、留兰香及其他相近品种的花序认识存在误区，薄荷的花序为轮伞花序腋生，但不能说轮伞花序腋生的品种都是薄荷。留兰香的花序通常为顶生的穗状花序，但是留兰香的品种也较多，有的也是轮伞花序腋生的品种，如山东某一地区种植的留兰香就是腋生的轮伞花序。有多年种植历史的臭薄荷，花序也是轮伞花序腋生，但其茎、叶、花上均无毛，植物形态与薄荷不一致，挥发油中不含薄荷特有的成分薄荷脑，不能作为薄荷药用。

（五）错种、误种

由于对薄荷品种的了解不够，部分地区错种、误种导致错用和误用。如"臭薄荷"以"薄荷"的名义在河北地区已有十多年的种植历史；其他地区也有将留兰香当薄荷种植的情况。

总之，薄荷属植物众多，名称、形态相近，无经验者仅从性状上难以区分，再加上错种、误种，导致错用、误用的情况较多见。因此，薄荷的鉴别，除了性状鉴别，必须与其所含的化学成分相结合，采用薄层色谱、气相色谱等现代分析技术，才能保证药材应用的准确性。

第三章

薄荷之用

第一节　薄荷的药理作用

《本草纲目》对薄荷的药理作用有如下描述："薄荷，辛能发散，凉能清利，专于消风散热。故头痛、头风、眼目、咽喉、口齿诸病为要药。"《药品化义》载："薄荷，味辛能散，性凉而清，通利六阳之会首，祛除诸热之风邪。取其性锐而轻清，善行头面，用治失音，疗口齿，清咽喉。取其气香而利窍，善走肌表，用消浮肿，散肌热，除背痛，引表药入营卫以疏结滞之气。"《医学衷中参西录》亦载，薄荷"服之能透发凉汗，为温病宜汗解之要药"。《中国药典》2020年版一部中薄荷的功能主治为疏散风热，清利头目，利咽，透疹，疏肝行气。用于风热感冒，风温初起，头痛，目赤，咽痹，口疮，风疹，麻疹，胸胁胀闷。可见薄荷有很好的疏散风热、清利头目、利咽透疹、疏肝行气的功效。

现代科学研究表明，薄荷化学成分丰富，主要含有挥发油、黄酮类、蒽醌类、有机酸类、氨基酸、微量元素等。新鲜薄荷叶中含挥发油0.8%～1%，干茎叶含1.3%～2%。油中主要成分为薄荷醇（薄荷脑），含量为77%～78%。其次为薄荷酮，含量为8%～12%，还含有乙酸薄荷酯、莰（kǎn）烯、柠檬烯、异薄荷酮、蒎烯、薄荷烯酮等。黄酮类成分有异瑞福灵、木犀草素-7-葡萄糖苷、薄荷糖苷等。薄荷中有机酸成分有迷迭香酸、咖啡酸等。薄荷叶中含有较丰富的氨基酸，包括丙氨酸、天冬氨酸、亮氨酸、异亮氨酸、苯丙氨酸等。其中，挥发油中的薄荷醇被认为是薄荷的主要生物活性成分，薄荷具有非常广泛的药理活性。在中医处方中，薄荷往往成为有关祛痰、疏风散热和发汗解表的主药。民间将薄荷和其他中药温水煎服，可用于治疗失眠、鼻炎和感冒等疾病。复方薄荷油滴鼻液用于治疗干燥性鼻炎和萎缩性鼻炎。现代药理研究表明，薄荷具有抗炎镇痛、止咳平喘、抗生育、促进透皮吸收、抗肿瘤、抗氧化、抗辐射等作用。薄荷醇以非处方药的形式在临床应用广泛，如局部麻醉剂、抗过敏注射液、止咳药剂、润肤膏等。其中局部麻醉剂在临床上的应用既安全又有效，另外复方薄荷脑注射液因其药效时间长、作用效果明显、低毒性等特点已经被作为新型局部麻醉药品深入推广使用。薄荷芳香药有辐射防护作用，可减少癌症患者化疗时放射线带来的不良反应。

一、解热作用

薄荷具有疏散风热、清利头目的功效，用于治疗感冒、上呼吸道感染的发热、鼻塞、头痛、咽痛等症状。临床常与石膏、金银花等配伍用于风热感冒、温病初起等病症的治疗。临床常见有疏风散热作用的配伍方剂有银翘散、桑菊饮、普通消毒饮、加减葳蕤汤、川芎茶调制剂等。现代研究发现，服用少量薄荷有兴奋中枢神经的作用，间接传导至末梢神经，使皮肤毛细血管扩张，促进汗腺的分泌，增加个体散热，从而起到发汗解表的作用。

薄荷具有透表发散的作用，可用于解毒透疹，对于麻疹疹出不畅，用薄荷可以使麻疹迅速透发出来，缩短病程，多配合荆芥、牛蒡子、蝉蜕等使用。

二、抗真菌作用

薄荷可以用来治疗各种皮炎，如过敏性皮炎、虫咬性皮炎、荨麻疹、皮肤瘙痒症、银屑病、湿疹等。薄荷中的薄荷醇是抗真菌的有效成分，尤其对核盘菌、匍茎根霉菌、毛霉菌有明显的抑制作用。此外，现代临床研究发现，薄荷油也可用于治疗轻微的细菌或真菌性皮肤感染。从薄荷属中提取出的精油成分的相互协同作用对多种细菌均有抑制效果。体外实验发现，薄荷水煎剂对金黄色葡萄球菌、白色葡萄球菌、甲型链球菌、乙型链球菌、卡他球菌、肠炎球菌、福氏痢疾杆菌、炭疽杆菌、白喉杆菌、伤寒杆菌、铜绿假单胞菌、大肠埃希菌、变形杆菌、白念珠菌、表皮枯草杆菌、肺炎链球菌、黄细球菌等均具有较强的抑菌作用。

薄荷中含有薄荷醇，薄荷水局部外用能够刺激皮肤的神经末梢感受器，让皮肤产生凉的感觉，然后会有轻微的灼热感，缓慢地渗透到人体的皮肤之中，引起长时间的充血，同时也反射性地引起深部组织的血管变化，调节血管的功能，从而达到清凉、止痒、消炎、止痛的功效。

三、抗炎镇痛作用

现代医学研究证明，薄荷具有良好的抗炎镇痛作用，临床上用于治疗慢性鼻炎、口腔炎、冠周炎、急性结膜炎等症状。动物实验中，薄荷制剂及其挥发油均表现出抗炎作用。薄荷油乳剂经皮给药对小鼠耳肿胀有明显的保护作用。薄荷油高、中、低剂量较正常对照组肿胀度和肿胀率均有降低。薄荷提取物灌胃对小鼠醋酸扭体反应有明显抑制作用。薄荷中的黄酮类成分具有明显的抗炎作用，蒙花苷作为黄酮类主要成分，通过与酚酸类成分抗炎水平的对比，得出蒙花苷的抗炎能力更强，并且都是通过调节炎性细胞因子和炎性介质的分泌水平而发挥抗炎作用的。另外，薄荷中含有较多的具有抗炎活性的果酸类物质。

四、抗生育作用

薄荷对小鼠有抗早孕作用。于孕后第 6 天，分别将 4ml 的薄荷油或橄榄油注入孕鼠右侧宫角，左侧不给药。于孕第 11 天剖检，结果显示：薄荷油组与橄榄油组的妊娠终止率分别达 100% 和 41.67%，差异显著。于孕第 4 天至第 11 天，各组分别肌内注射薄荷油一次，于孕第 11 天剖检，结果显示：薄荷油不同剂量皆有一定抗着床与抗早孕作用，作用强度随剂量增加，0.035ml/ 只时，抗着床率达 100%。终止妊娠的原因可能是子宫收缩加强，也不排除薄荷油对蜕膜组织等的直接损伤作用。据报道，薄荷水溶部分也对大鼠有抗早孕作用和兴奋子宫作用。家兔孕后第 6 天或第 9 天，宫腔内分别给予不同量的薄荷油，于第 12 天处死，观察给药组的血浆孕酮及雌二醇水平与对照组无显著差异，而 HCG 水平则显著下降。给药组组织切片镜下观察可见滋养叶细胞显著坏死。结果表明，薄荷油具有终止早孕及抗着床作用。其作用机理可能与加强子宫收缩无关，对 α 及 β 受体皆无影响，但能轻度加强缩宫素的作用，与对滋养叶的损害有关。

小贴士　**什么是 HCG?**

　　HCG 即人绒毛膜促性腺激素，是由胎盘的滋养层细胞分泌的一种糖蛋白，它是由 α 和 β 二聚体的糖蛋白组成。当妊娠 1～2.5 周时，血清和尿中的 HCG 水平即可迅速升高，孕期第 8 周达到高峰，于孕期第 4 个月始降至中等水平，并一直维持到妊娠末期。

五、促进透皮吸收作用

薄荷属于天然的透皮吸收促进剂，其化学成分薄荷醇为单萜类化合物，对一些皮肤外用制剂，具有促进药物渗透的作用。以胎龄为 7~8 个月胎儿腹、背皮肤作透皮吸收实验模型，1%、2.5%、5% 的薄荷脑均有显著促进对乙酰氨基酚（扑热息痛）的透皮吸收作用，其机制与引起皮肤超微结构的改变有关。以裸鼠皮肤制作透皮吸收实验模型，将薄荷醇加入 5% 醋氨酚（对乙酰氨基酚）药液中，使薄荷醇浓度达到 2.5%，由给药池中加入，从接受池中取样测定。结果表明，薄荷醇能显著促进醋氨酚透皮吸收作用，其助渗作用在给药后 2 小时有显著增加，其作用强度随时间推移而继续增加。研究表明，薄荷醇能使柴胡的生物利用度增加，亦可促进甲硝唑、氯霉素经皮渗透作用。

六、健脾和胃，保肝利胆作用

薄荷油有健胃作用，对胃溃疡有治疗作用；有较强的利胆作用，还有保肝作用。

用石油醚对薄荷进行萃取，所得提取物对 D- 氨基半乳糖所致的小鼠急性肝损伤有明显的保护作用，并且在给药后的一段时间内可显著增加大鼠胆汁分泌量，表明薄荷提取物对大鼠有明显利胆作用。胆舒胶囊具有较好的溶石和排石作用，对结石性胆囊炎疗效尤佳，有效率达 93.2%，也能明显降低血清中谷丙转氨酶（GPT）的水平，具有改善肝功能的作用。皮下注射薄荷注射液，能使四氯化碳造成的肝损害引起的 GPT 活性明显降低，但未恢复正常；肝细胞肿胀、气球样变性均较对照组为轻，但坏死病变却较对照组为重。

小贴士　谷丙转氨酶与肝损害的关系

谷丙转氨酶是一种存在于肝细胞内的酶，临床上常用转氨酶的数值来评判肝细胞受损严重的程度。数值越高，肝损害越严重，谷丙转氨酶正常值在 0～40U/L 之间。

薄荷醇与薄荷酮 260mg/kg 给大鼠口服，表现出强大的利胆作用。给薄荷醇 3～4 小时后，胆汁排出量约增加 4 倍，随后作用减弱。薄荷酮具有相似作用且较持久，服药 5 小时后，胆汁排出量增加 50%～100%。薄荷的丙酮干浸膏和 50% 甲醇干浸膏均具有利胆作用，与对照组相比，胆汁分泌量均有明显增加。含有挥发油多的丙酮干浸膏组的利胆效果比 50% 甲醇干浸膏组强。实验证明，除挥发油中主要成分薄荷醇具有很强的利胆作用外，薄荷油中还含有其他利胆作用成分。此外，把薄荷醇的醇羟基乙酰化后，其利胆作用也减弱了，说明醇羟基在利胆作用的产生上起着重要作用。

七、化痰平喘作用

薄荷可以增加人体的呼吸道黏液的分泌，使其稀释，当用于鼻炎、喉炎时，可以表现出明显的缓解作用。薄荷醇能减少血液与皂苷等的泡沫，用于支气管炎时，能够祛除附着在黏膜上的黏液，减少泡沫痰，使得呼吸道的有效通气量增大很多，从而达到治疗的效果。麻醉兔吸入薄荷醇蒸气 81mg/kg，能使呼吸道黏液分泌增加，降低分泌物比重。吸入 243mg/kg 则降低黏液排出量，这可能是对呼吸道黏液细胞的直接作用所致。亦有报道薄荷脑对豚鼠及人均有良好的止咳作用。

给患者雾化吸入薄荷醇 10mg/ 次，2 次 /d，同时对照组给予安慰剂，连续用药 4 周，观察薄荷醇对气道高反应性哮喘的作用。结果显示，薄荷醇组治疗后，哮喘的发作次数及需用的支气管扩张药剂量均减少。此结果提示：薄荷醇对轻度哮喘可能有治疗作用，初步实验可见，薄荷醇雾化剂没有立即扩张支气管的作用，但薄荷醇在不改变气流量的情况下，可改善气道的高反应性，其作用机制尚未完全确定。临床上用于化痰平喘的制剂川贝枇杷露、川贝枇杷糖浆等处方中就含有薄荷脑。

八、抗肿瘤作用

薄荷醇具有明显的抗肿瘤活性，对人的膀胱癌细胞、人克隆结肠腺癌细胞生长、人前列腺癌细胞迁移、胃癌 SGC-7901 细胞增殖均有抑制作用；而在小鼠皮肤癌研究中，则通过抑制环氧化酶（COX）、降低调节酶的表达来发挥抗癌作用。研究显示，薄荷醇能诱导人结肠腺癌细胞 Caco-2 的凋亡，促进 Caco-2 细胞内微管蛋白聚合，引起细胞凋亡。可防止前列腺癌、结肠癌、膀胱癌等。研究验证薄荷醇受体 TRPM8 的表达与肿瘤发生、转移存在一定联系。薄荷热水提取物体外实验对人子宫颈癌 JTC-26 株有抑制作用。薄荷已经成为发展前景广阔的抗癌药物。

九、抗氧化作用

薄荷中的多种成分都具有很好的抗氧化作用。体外实验表明，黄酮和多糖均可起到清除、还原 1,1- 二苯基 -2- 三硝基苯肼自由基的作用。采用响应面优化超声辅助工艺对薄荷中的黄酮类物质进行提取，得出薄荷总黄酮提取液对自由基具有清除作用。另外，也有文献报道，薄荷中的木犀草素具有较强的抗氧化能力。

十、抗辐射作用

薄荷中的薄荷油能增加一氧化氮（NO）的释放，增强体内自由基清除活性，因此，可应用于长期坐在电脑前工作人员和宇航员的抗辐射。动物实验中，对经过辐射而造成味觉厌恶的雄性大鼠使用薄荷油，起到了一定的改善作用。由此证明，薄荷精油具有良好的抗辐射作用，可减少癌症患者化疗时放射线带来的不良反应。

十一、其他作用

除了上述药理作用外，薄荷还显示出其他活性。薄荷油对小鼠离体肠肌有解痉作用，但在体内不能促进肠的推进性蠕动，有时甚至表现抑制。薄荷醇、薄荷酮对离体兔肠肌有抑制作用，后者作用强于前者一倍。薄荷油具有止痉、治疗肠易激综合征的作用是由于其具有钙离子拮抗剂的特性；单纯疱疹病毒（herpes simplex virus，HSV）作为一种嗜神经性双链 DNA 包膜病毒，严重危害人体健康，感染后可以引起致盲性角膜病、不孕、新生儿死亡等病症。研究发现，薄荷煎剂可很好地抑制单纯疱疹病毒的活性，但该抑制性有一定的限度，即当病毒感染量达到一定量时，薄荷煎剂的抑制作用会随着感染量的不断增大而逐渐减小直至消失。采用大孔树脂吸附法进行体外抗单纯疱疹病毒实验，证明薄荷的水溶性成分具有明显的抑制单纯疱疹病毒的作用。单纯疱疹病毒有两种血清型，即 HSV-1 和 HSV-2，实验发现薄荷油可有效抑制单纯疱疹病毒的两种血清型，对 HSV-1 的 IC_{50}（IC_{50}是指被测量的拮抗剂的半抑制浓度，其数值越低说明该拮抗剂的抑制效果越好）值为 0.002%，对 HSV-2 的 IC_{50} 值为 0.008%，可见薄荷油对 HSV-1 的抑制作用更强；薄荷油还能驱除犬及猫体内的蛔虫；薄荷醇（灌胃给药，10% 薄荷醇石蜡油液 15ml/kg）可明显延长磺胺嘧啶在大鼠体内分布相半衰期，增加磺胺嘧啶在大鼠脑内的浓度。薄荷醇（灌胃给药，0.5g/kg×4d）还可使伊文思蓝透过小鼠血脑屏障，但其透过量明显低于夹闭双侧颈动脉再灌注脑损伤组，结果提示，薄荷醇可能促进血脑屏障通透性，而对血脑屏障结构的损伤可能性小；有文献报道，薄荷提取物显示出乌发作用，但还需进一步试验来证实其疗效。

小贴士 **什么是肠易激综合征？**

肠易激综合征是一组持续或间歇发作，以腹痛、腹胀、排便习惯和 / 或大便性状改变为临床表现，而缺乏胃肠道结构和生化异常的肠道功能紊乱性疾病。是一种世界范围内的多发病。

薄荷也有药理毒性，千万不能擅自超剂量使用，以免发生危险。薄荷醇（天然品）的 LD_{50}（半数致死量，指能够引起实验动物一半死亡的药物剂量）：小鼠皮下注射 5 000 ~ 6 000mg/kg；大鼠皮下注射 1 000mg/kg；猫口服或皮下注射其混悬液均为 800 ~ 1 000mg/kg。薄荷醇（合成品）的 LD_{50}：小鼠皮下注射 1 400 ~ 1 600mg/kg；猫口服或皮下注射均为 1 500 ~ 1 600mg/kg。在大鼠或小鼠饲料中加消旋薄荷醇 7 500ppm 或 4 000ppm，经 103 周的饲养，未发现有致癌作用。此外，圆叶薄荷精油和欧薄荷精油的 LD_{50} 分别为 641.6mg/kg 和 437.4mg/kg。

挥发油是目前比较明确的功效和毒性的物质基础，黄酮类、有机酸类等非挥发性成分的研究仅集中在其药理作用上，目前未见其毒性研究报道。对啮齿类动物的研究表明，薄荷油中所含的胡薄荷酮可能是导致肝毒性的成分。胡薄荷酮在薄荷油中含 0.5% ~ 1.5%，具有左旋和右旋两种异构体，在肝微粒体酶作用下，右旋胡薄荷酮体内主要经 CYPIA2 代谢生成薄荷呋喃，快速而大量地削弱谷胱甘肽，并与某些蛋白共价结合，直接对肝细胞产生毒性作用。而左旋胡薄荷酮则不能生成薄荷呋喃。胡薄荷酮在肝脏还可氧化为其他产物，也可能参与了肝损伤过程。

薄荷具有巨大的应用潜力，但在实际应用中还存在一定的问题。作为药品，薄荷具有广泛的药理活性，但部分活性成分和作用机理尚不明确。薄荷的抗癌作用一直受到研究人员的极大关注。研究结果表明，薄荷油能够阻止癌变处血管生长，"饿死"癌细胞。薄荷油抗癌的主要作用机制是诱导细胞凋亡。但目前，研究一直多停留在细胞水平，抗癌的评价手段较少。如何把薄荷抗癌功效快速有效地应用到临床试验，将会是薄荷药用研究接下来的一项重要任务。另外，中医认为薄荷性凉，孕妇与哺乳期妇女不宜过多服用，脾胃虚寒者不宜长期服用。薄荷具有提神醒脑功能，晚上不宜过多服用。在薄荷药用过程中，如何增加其药用功效，并减少其不良反应，也是薄荷药用研究的重要任务。

随着薄荷的化学成分、药理作用及生物学研究的进一步深入，薄荷产品一定会越来越丰富、越来越多地走入人们的"健康生活"当中。

第二节　薄荷制剂

一、薄荷制剂概况及其常见剂型

薄荷属辛凉解表药，具有疏散风热、清利头目、利咽、透疹、疏肝行气的作用，常与其他药材配伍制成系列的口服制剂、外用制剂。除了薄荷饮片入药外，薄荷油（薄荷素油）及薄荷脑等薄荷提取物也常入药。

1. 口服制剂 临床常与清热解毒药金银花、连翘、石膏、黄连、黄芩、牛黄等配伍，制成丸剂、散剂、片剂、胶囊剂、颗粒剂、软胶囊剂、糖浆剂、合剂等口服制剂，用于风热感冒、温病初起、热毒内盛、风火上攻等病症，如常见的银翘散、丸、胶囊、片等系列制剂，黄连上清片、丸、胶囊等系列制剂。由于薄荷有疏肝行气的作用，可与柴胡、白芍等配伍制成逍遥丸、逍遥散、加味逍遥丸等系列口服制剂，具有舒肝清热、健脾养血的作用，用于肝郁血虚、肝脾不和等症。

2. 外用制剂 采用薄荷及其提取物，单用、与其他中药或化学药物配伍制成软膏剂、锭剂、乳膏、贴膏、搽剂、酊剂、鼻用吸入剂等外用制剂，具有清凉散热、醒脑提神、止痒止痛的作用，用于疔、疖、痈肿、虫咬、蚊叮、鼻炎、感冒头痛、中暑、头晕、晕车等，如常见的清凉油、风油精、万宝油等。

3. 口含片 口含片是片剂的一种，为口腔内缓慢溶解的压制片，具有吸收快、起效迅速的特点，能对口腔及咽部产生持久的药效，是近年来出现一种新剂型。利用薄荷清热利咽的作用，采用薄荷药材及其提取物与其他药物配伍制成的口含片，如常见的中成药复方草珊瑚含片、金嗓子喉片，具有疏风清热、清利咽喉的作用。另外还有将薄荷脑加入维生素中制成的保健食品，如多种维生素含片（成人型、薄荷味）、维生素 C 含片（薄荷味）等保健食品。

不同的剂型，针对不同的病症，极大地丰富了临床选择，临床常用的薄荷制剂见表 3-1。

表 3-1　临床常用的薄荷制剂

剂型	方剂名称	组方	功效	出处
口服制剂	银翘解毒丸	金银花、薄荷、淡豆豉等九味	疏风解表，清热解毒	《中国药典》2020年版一部
	黄连上清片	黄连、连翘、薄荷等十七味	散风清热，泻火止痛	《中国药典》2020年版一部
	珍黄胶囊	薄荷素油、人工牛黄、珍珠等七味	清热解毒，消肿止痛	《中国药典》2020年版一部
	连花清瘟颗粒	连翘、金银花、薄荷脑等十三味	清瘟解毒，宣肺泄热	《中国药典》2020年版一部
外用制剂	清凉油	薄荷脑、薄荷油等八味	清凉散热，醒脑提神，止痒止痛	卫生部药品标准中药成方制剂第一册
	风油精	薄荷脑、水杨酸甲酯等五味	消炎，镇痛清凉，止痒驱风	卫生部药品标准中药成方制剂第九册
	万宝油	薄荷脑、樟脑、薄荷油等十味	清凉，镇痛驱风，消炎抗菌	卫生部药品标准中药成方制剂第九册

剂型	方剂名称	组方	功效	出处
外用制剂	伤痛酊	芙蓉叶、徐长卿、薄荷脑等八味	祛瘀活血，消肿止痛	卫生部药品标准中药成方制剂第七册
口含片	复方草珊瑚含片	肿节风浸膏、薄荷脑、薄荷素油	疏风清热，消肿止痛，清利咽喉	《中国药典》2020年版一部
	复方两面针含片	两面针、薄荷素油、薄荷脑等七味	清热解毒，疏风利咽	国家药品监督管理局标准(试行)
	金嗓子喉片	薄荷脑、山银花、西青果、桉油等八味	疏风清热，清毒利咽，芳香辟秽	国家药品监督管理局标准(试行)
经典方剂	败毒散	柴胡、前胡、川芎、枳壳、薄荷等十二味	散寒祛湿，益气解表。气虚，外感风寒湿表证	《太平惠民和剂局方》《小儿药证直诀》
	普济消毒饮	黄芩、黄连、薄荷等十四味	清热解毒，疏风散邪	《东垣试效方》
	加减葳蕤汤	生葳蕤、生葱、葳蕤、白薇、桔梗、薄荷等七味	滋阴解表	《重订通俗伤寒论》
	川芎茶调散	薄荷、川芎、荆芥、细辛、防风、白芷、羌活、炙甘草	疏风止痛	《太平惠民和剂局方》
	银翘散	连翘、金银花、苦桔梗、薄荷等十味	辛凉透表，清热解毒	《温病条辨》

二、薄荷制剂与服用建议

剂型是药物使用的必备形式，对药物疗效的发挥起着关键性作用。中药剂型包括传统的汤剂、散剂、丸剂、搽剂、酊剂等，随着制药技术的发展，片剂、颗粒剂、胶囊剂、注射剂等现代剂型也成为中成药常见的剂型。在临床使用中，除根据防治疾病的轻重缓急、服用携带方便度等选择不同的剂型，贮藏保存也应成为服药期间考虑因素。如片剂、胶囊剂固体制剂等，一般应放在阴凉、通风、干燥处贮藏。如以水为分散媒介的液体药剂，贮存中易水解、氧化或污染，产生沉淀、变色或腐败，应密闭贮藏于阴凉、干燥的地方。

备孕的女性、孕妇最好不用或少用含有薄荷的制剂，儿童应在医师指导下服用，年老体弱及体虚者慎用。

（一）薄荷饮片入药的口服制剂

薄荷复方口服制剂为薄荷和其他药味组成的成方制剂，由方中组成药物共同发挥作用。根据患者的症状、医师的诊断辨证论治，综合选定使用药物制剂类型。这类制剂有片剂、丸剂、胶囊剂、颗粒剂，还有糖浆剂、煎膏剂、合剂等。

几种常见的薄荷饮片入药的口服制剂，介绍如下：

1. 黄连上清片（丸、胶囊、颗粒）

【处方】黄连、栀子、连翘、炒蔓荆子、防风、荆芥穗、白芷、黄芩、菊花、薄荷、大黄、黄柏、桔梗、川芎、石膏、旋覆花、甘草。

【功能主治】散风清热、泻火止痛。用于风热上攻、肺胃热盛所致的头晕目眩、暴发火眼、牙齿疼痛、口舌生疮、咽喉肿痛、大便秘结、小便短赤。

【注意事项】忌食辛辣食物；孕妇慎用；脾胃虚寒者禁用。不宜在服药期间同时服用温补性中成药。有心脏病、肝病、糖尿病、肾病等慢性疾病严重者应遵医嘱。密封。

2. 牛黄上清片（丸、胶囊）

【处方】人工牛黄、薄荷、菊花、荆芥穗、白芷、川芎、栀子、黄连、黄柏、黄芩、大黄、连翘、赤芍、当归、地黄、桔梗、甘草、石膏、冰片。

【功能主治】清热泻火，散风止痛。用于热毒内盛、风火上攻所致的头痛眩晕、目赤耳鸣、咽喉肿痛、口舌生疮、牙龈肿痛、大便燥结。

【注意事项】孕妇、哺乳期妇女慎用，脾胃虚寒者慎用。密封。

3. 通窍鼻炎片（胶囊、颗粒）

【处方】苍耳子（炒）、防风、黄芪、白芷、辛夷、白术、薄荷。

【功能主治】散风消炎，通鼻窍。用于鼻渊病，鼻塞，流涕，前额头痛，鼻炎，鼻窦炎及过敏性鼻炎等症。

【注意事项】服用期间忌烟、酒及辛辣、鱼腥食物。不宜在服药期间同时服用滋补性中药。密封。

4. 银翘解毒丸（片、颗粒、软胶囊、浓缩丸）

【处方】金银花、连翘、薄荷、荆芥、淡豆豉、牛蒡子（炒）、桔梗、淡竹叶、甘草。

【功能主治】原方出自《温病条辨》中银翘散，具有疏风解表、清热解毒的功效。方中薄荷与牛蒡子共为臣药，药味辛凉，疏散风热而清利咽喉。用于风热感冒，症见发热头痛、咳嗽口干、咽喉疼痛。

【注意事项】忌烟、酒及辛辣、生冷、油腻食物。不宜在服药期间同时服用滋补性中药。风寒感冒者不适用。糖尿病患者及有高血压、心脏病、肝病、肾病等慢性疾病严重者，儿童、孕妇、哺乳期妇女、年老体弱及脾虚便溏者应遵医嘱。密封。

5. 养阴清肺丸（膏、口服液）

【处方】地黄、麦冬、玄参、川贝母、白芍、牡丹皮、薄荷、甘草。

【功能主治】养阴润燥，清肺利咽。原方出自《重楼玉钥》中养阴清肺汤，方中薄荷为佐，发挥散邪利咽功效。用于阴虚肺燥，咽喉干痛，干咳少痰或痰中带血。

【注意事项】忌烟、酒及辛辣、生冷、油腻性食物。不宜在服药期间同时服用滋补性中药。有支气管扩张、肺脓疡（yáng）、肺心病、肺结核患者出现咳嗽时应去医院就诊。儿童、年老体弱者、孕妇应在医师指导下服用。密封。

6. 逍遥丸

【处方】柴胡、当归、白芍、白术、茯苓、薄荷、生姜、甘草（蜜炙）。

【功能主治】疏肝健脾，养血调经。用于肝气不舒，胸胁胀痛，头晕目眩，食欲减退，月经不调。原方出自《太平惠民和剂局方》的逍遥散，与方中生姜共为佐药，助柴胡疏肝而散郁热。

【注意事项】服用期间忌食寒凉、生冷食物。感冒时或月经过多者不宜服用本品。密封。

7. 阮氏上清丸

【处方】儿茶、马槟榔、薄荷、乌梅肉、硼砂、诃子、山豆根、冰片、甘草。

【功能主治】清热降火，生津止渴。用于咽喉肿痛，牙疳口疮，津液不足，口干舌燥。

【注意事项】服用期间忌烟、酒及辛辣食物。不宜在服药期间同时服用滋补性中药。有高血压、心脏病、糖尿病、肝病、肾病等慢性疾病严重者应在医师指导下服用。密闭，防潮。

8. 五粒回春丸（糊丸）

【处方】西河柳、金银花、连翘、牛蒡子（炒）、蝉蜕、薄荷、桑叶、防风、麻黄、羌活、僵蚕（麸炒）、胆南星（酒炙）、化橘红、苦杏仁（去皮炒）、川贝母、茯苓、赤芍、淡竹叶、甘草、羚羊角粉、麝香、牛黄、冰片。

【功能主治】宣肺透表，清热解毒。用于小儿瘟毒引起的头痛高热，流涕多泪，咳嗽气促，烦躁口渴，麻疹初期，疹出不透。

【注意事项】芦根、薄荷煎烫或温开水空腹送服。忌食油腻厚味。运动员慎用。密封。

9. 芎菊上清颗粒（丸、片）

【处方】川芎、菊花、黄芩、栀子、炒蔓荆子、黄连、薄荷、连翘、荆芥穗、羌活、藁本、桔梗、防风、甘草、白芷。

【功能主治】清热解表，散风止痛。用于外感风邪引起的恶风身热、偏正头痛、鼻流清涕、牙疼喉痛。

【注意事项】体虚者慎用。忌烟、酒及辛辣食物。不宜在服药期间同时服用滋补性中药。有高血压、心脏病、肝病、糖尿病、肾病等慢性疾病严重者应在医师指导下服用。服药后大便次数增多且不成形者，应酌情减量。儿童、孕妇、哺乳期妇女、年老患者等应遵医嘱。密封。

10. 川芎茶调颗粒

【处方】川芎、白芷、羌活、细辛、防风、薄荷、荆芥、甘草。

【功能主治】疏风止痛。用于风邪头痛，或有恶寒，发热，鼻塞。原方出自《太平惠民和剂局方》的川芎茶调散，方中薄荷轻阳升浮，用量较重，既助君、臣药以疏风止痛，又可清利头目。

【注意事项】服用时用温开水或浓茶冲服。本药以治疗外感风邪引起的感冒头痛效果较好，也用于经过明确诊断的偏头痛、神经性头痛或外伤后遗症所致的头痛等。久痛气虚、血虚，或因肝肾不足，阳气亢盛之头痛不宜应用。素有较严重慢性疾病史者及糖尿病患者，应在医师指导下服药。孕妇慎用。哺乳期妇女、儿童、老人应在医师指导下使用。密封。

11. 芩芷鼻炎糖浆

【处方】黄芩、白芷、麻黄、苍耳子、辛夷、鹅不食草、薄荷。

【功能主治】清热解毒，消肿通窍。用于急性鼻炎。

【注意事项】高血压患者、肝肾功能不全者慎用。运动员慎用。密封，置阴凉处。

12. 薄荷六一散

【处方】滑石、薄荷、甘草。

【功能主治】祛暑热，利小便。用于暑热烦渴，小便不利。

【注意事项】服用期间饮食宜清淡。孕妇慎用。高血压、心脏病、肝病、糖尿病、肾病等慢性疾病严重者应在医师指导下服用。应严格按照用法用量服用，婴幼儿、年老体虚患者应在医师指导下服用。服用时布包煎服。密闭，防潮。

13. 大黄泻火散

【处方】大黄、薄荷、甘草（蜜炙）、芒硝、连翘、黄芩、栀子仁（炒）。

【功能主治】清热泻火。用于胸膈烦热，口渴便秘。

【注意事项】服用时用布袋包煎或包煎时加蜂蜜少许。密闭，防潮。

14. 儿科七厘散

【处方】人工牛黄、人工麝香、全蝎（姜、葱水制）、僵蚕、珍珠、朱砂、琥珀、钩藤、天麻（姜汁制）、防风、白附子（制）、蝉蜕、天竺黄、硝石、雄黄、薄荷、牛膝、甘草、冰片。

【功能主治】清热镇惊，祛风化痰。用于小儿急热惊风，感冒发热，痰涎壅盛。

【注意事项】密封。

15. 伤风咳茶

【处方】苦杏仁、菊花、桑叶、荆芥、桔梗、薄荷、芦根、甘草、连翘、紫苏叶。

【功能主治】解表发散，清肺止咳。用于伤风发热，咳嗽鼻塞。

【注意事项】茶块煎服，袋装药茶泡服。密闭。

16. 保宁半夏曲

【处方】半夏（制）、豆蔻（去壳）、砂仁（去壳）、肉桂、木香、丁香、枳实（炒）、枳壳、五味子、陈皮、青皮（去心）、生姜、薄荷、甘草、广藿香。

【功能主治】止咳化痰，平喘降逆，和胃止呕，消痞散结。用于风寒咳嗽，喘息气急，湿痰冷饮，胸脘满闷，久咳不愈，顽痰不化及老年咳嗽等症。本品适用于痰湿阻肺，其表现为呼吸急促、喉中哮鸣有声、胸膈满闷、痰少咯吐不爽、口不渴或渴喜热饮、形寒怕冷。

【注意事项】哮病急性发作，伴呼吸困难、心悸、紫绀者，或是喘息明显，表现为端坐呼吸者，或是哮病持续状态等均应去医院诊治。小儿酌减或遵医嘱。口服，温开水或姜汤送服。密闭，防潮。

（二）薄荷提取物入药的口服制剂

薄荷主要提取物有薄荷脑及薄荷油（薄荷素油）。薄荷脑是用薄荷的新鲜茎和叶经水蒸气蒸馏、冷冻、重结晶得到的一种单体化合物；薄荷油（薄荷素油）为薄荷的新鲜茎和叶经水蒸气蒸馏、冷冻所得的挥发油。

几种常见的薄荷提取物入药的口服制剂，介绍如下：

1. 强力枇杷膏（蜜炼）

【处方】枇杷叶、罂粟壳、百部、白前、桑白皮、桔梗、薄荷脑。

【功能主治】养阴敛肺，镇咳祛痰。用于久咳劳嗽，支气管炎。

【注意事项】儿童、孕妇、哺乳期妇女禁用；糖尿病患者禁服。密封，置阴凉处。

2. 京都念慈菴蜜炼川贝枇杷膏

【处方】川贝母、枇杷叶、南沙参、茯苓、化橘红、桔梗、法半夏、五味子、瓜蒌子、款冬花、远志、苦杏仁苷、生姜、甘草、杏仁水、薄荷脑。

【功能主治】润肺化痰，止咳平喘，护喉利咽，生津补气，调心降火。本品适用于伤风咳嗽、痰稠、痰多气喘、咽喉干痒及声音嘶哑。

【注意事项】糖尿病患者忌用。密封，置阴凉处。

3. 栀芩清热合剂

【处方】栀子、黄芩、连翘、淡竹叶、甘草、薄荷油。

【功能主治】疏风散热，清热解毒。用于三焦热毒炽盛，发热头痛，口渴，尿赤等。

【注意事项】密封，置阴凉处。

4. 连花清瘟胶囊（片、颗粒）

【处方】连翘、金银花、炙麻黄、炒苦杏仁、石膏、板蓝根、绵马贯众、鱼腥草、广藿香、大黄、红景天、薄荷脑、甘草。

【功能主治】清瘟解毒，宣肺泄热。用于治疗流行性感冒属热毒袭肺证，症见发热、恶寒、肌肉酸痛、鼻塞流涕、咳嗽、头痛、咽干咽痛、舌偏红、苔黄或黄腻。

【注意事项】忌烟、酒及辛辣、生冷、油腻食物。不宜在服药期间同时服用滋补性中药。风寒感冒者不适用。高血压、心脏病患者慎用。有肝病、糖尿病、肾病等慢性疾病严重者应在医师指导下服用。儿童、孕妇、哺乳期妇女、年老体弱及脾虚便溏者应在医师指导下服用。密封，置阴凉处。

5. 珍黄胶囊

【处方】珍珠、人工牛黄、三七、黄芩浸膏粉、冰片、猪胆粉、薄荷素油。

【功能主治】清热解毒，消肿止痛。用于肺胃热盛所致的咽喉肿痛、疮疡热疖。

【注意事项】孕妇慎用；忌食辛辣、油腻、厚味食物。密封。

6. 胆舒胶囊

【处方】薄荷素油。

【功能主治】舒肝理气，利胆。用于慢性结石性胆囊炎，慢性胆囊炎及胆结石肝胆郁结，湿热胃滞证。

【注意事项】密封。

7. 三金感冒片

【处方】三叉苦、玉叶金花、金盏银盘、大头陈、金沙藤、倒扣草、薄荷油、地胆头。

【功能主治】清热解毒。用于风热感冒，症见发热、咽痛、口干等。

【注意事项】表现为恶寒重，发热轻，无汗，头痛，鼻塞，流清涕，喉痒咳嗽属风寒感冒者不适用。密封。

8. 仁丹

【处方】陈皮、檀香、砂仁、豆蔻（去果皮）、甘草、木香、丁香、广藿香叶、儿茶、肉桂、薄荷脑、冰片、朱砂。

【功能主治】清暑开窍，辟秽排浊。用于中暑呕吐，烦躁恶心，胸中满闷，头目眩晕，晕车晕船，水土不服。

【注意事项】服用期间饮食宜清淡，不宜在服药期间同时服用滋补性中成药。

9. 川贝枇杷露

【处方】川贝母、枇杷叶、百部、前胡、桔梗、桑白皮、薄荷脑。

【功能主治】止嗽祛痰。用于风热咳嗽，痰多上气或燥咳。本品适用于风热咳嗽，其表现为咳嗽，咯痰不爽，痰黏稠或稠黄，常伴有鼻流黄涕、口渴、头痛、恶风、身热。

【注意事项】支气管扩张、肺脓疡（yáng）、肺心病、肺结核、糖尿病患者应在医师指导下服用。密封，置阴凉处。

10. 加味龟龄集酒

【处方】龟龄集药粉，熟地黄，肉苁蓉，薄荷脑。

【功能主治】补脑固肾，强壮机能，延年益寿。用于气虚血亏，健忘失眠，食欲不振，腰酸背痛，阴虚阳弱，阳痿早泄，宫冷腹痛，产后诸虚。

【注意事项】伤风感冒者停服；孕妇忌服。密封。

（三）口含片

含薄荷及其提取物口含片，如复方草珊瑚含片、黄氏响声含片等，因含薄荷或其提取物薄荷脑、薄荷素油等，具有清利咽喉的作用。口含片进入口腔后缓慢溶解，对口腔及咽部产生持久的作用，以达清利咽喉的疗效。

几种常见的薄荷及其提取物入药的口含片，介绍如下：

1. 复方草珊瑚含片

【处方】肿节风浸膏、薄荷脑、薄荷素油。

【功能主治】疏风清热，消肿止痛，清利咽喉。用于外感风热所致的喉痹，症见咽喉肿痛、声哑失音，急性咽喉炎见上述证候者。

【注意事项】忌烟、酒及辛辣、鱼腥食物，不宜在服药期间同时服用滋补性中药。有高血压、心脏病、肝病、糖尿病、肾病等慢性疾病严重者应在医师指导下服用。密封。

2. 金嗓子喉片

【处方】薄荷脑、山银花、西青果、桉油、石斛、罗汉果、橘红、八角茴香油。

【功能主治】疏风清热、清毒利咽、芳香辟秽的功效。适用于改善急性咽炎所致的咽喉肿痛、干燥灼热、声音嘶哑。

【注意事项】服用期间忌烟、酒及辛辣、鱼腥食物，不宜在服药期间同时服用温补性中药。孕妇慎用，糖尿病患者、儿童应在医师指导下服用。脾虚大便溏者慎用。密封，置干燥处保存。

3. 复方两面针含片

【处方】西青果、蝴蝶果、山豆根、薄荷素油、薄荷脑、两面针、甘草。

【功能主治】清热解毒，疏风利咽。用于肺经风热引起的咽喉肿痛。

【注意事项】孕妇慎服。密封。

4. 黄氏响声含片

【处方】薄荷、浙贝母、胖大海、蝉蜕、大黄、连翘、桔梗、方儿茶、诃子肉、川芎、甘草、薄荷脑。

【功能主治】利咽开音，清热化痰，消肿止痛。用于风热犯肺、肺热壅盛所致的喉喑，症见声音嘶哑、发声疼痛、咽喉干燥，急性喉炎、慢性喉炎急性发作见上述证候者。

【注意事项】脾胃虚寒者、有胃痛病史者慎用。密封，置阴凉干燥处。

5. 咽炎含片

【处方】金银花、菊花、野菊花、射干、黄芩、关木通、麦冬、天冬、桔梗、忍冬藤、甘草、薄荷脑。

【功能主治】清热解毒，消炎止痛。用于治疗急、慢性咽炎。

【注意事项】忌辛辣、鱼腥食物。孕妇慎用。密封、防潮。

6. 清凉含片

【处方】薄荷、紫苏叶、葛根、薄荷脑、乌梅肉。

【功能主治】清热解暑，生津止渴。用于受暑受热，口渴恶心，烦闷眩晕，咽喉肿痛。

【注意事项】服药期间，饮食宜清淡，不宜与滋补性中药同时服用，患高血压、心脏病等慢性疾病及孕妇服用时应遵医嘱。密封、防潮。

7. 喉舒口含片

【处方】余甘子粉、重楼、薄荷脑、冰片。

【功能主治】清热解毒，润肺利咽。用于咽喉肿痛，咽痒、咽干咳等症。

【注意事项】忌辛辣、鱼腥食物。孕妇慎用。凡干咳属于阴虚证者慎用。不宜在服药期间同时服用温补性中成药。不适用于外感风寒之咽喉痛者。密封，避光。

8. 复方熊胆薄荷含片

【处方】三氯叔丁醇、熊胆粉、薄荷脑、薄荷油。

【功能主治】熊胆粉具有清热泻火与凉血止痛作用；薄荷脑与薄荷油外用时可促进局部血液循环，有消炎、止痒、止痛的作用；三氯叔丁醇为消毒防腐剂，具有抗菌作用。用于缓解咽喉肿痛、声音嘶哑等咽喉部不适。

【注意事项】本品应在口中逐渐含化，勿嚼碎口服。对本品过敏者禁用，过敏体质者慎用。本品性状发生改变时禁止使用。密封。

（四）含薄荷提取物的外用制剂

薄荷提取物除用于口服制剂，也有软膏剂、酊剂、搽剂等非口服制剂应用于临床治疗中。

几种常见的含薄荷提取物的外用制剂，介绍如下：

1. 正金油软膏

【处方】薄荷脑、薄荷油、樟脑樟油、桉油、丁香罗勒油。

【功能主治】驱风兴奋，局部止痛、止痒。用于中暑头晕，伤风鼻塞，蚊叮虫咬。

【用法用量】外用。涂于患处。

【注意事项】密封，置阴凉处。

2. 伤痛酊

【处方】芙蓉叶、徐长卿、两面针、朱砂根、雪上一枝蒿、薄荷脑、樟脑、肉桂油。

【功能主治】祛瘀活血，消肿止痛。用于扭伤、挫伤、挤压伤、腱鞘炎等急性软组织损伤。

【用法用量】外用药，切勿入口。

【注意事项】密封，避光，置阴凉处。

3. 清凉油

【处方】薄荷脑、薄荷油、樟脑油、樟脑、桉油、丁香油、桂皮油、氨水。

【功能主治】清凉散热，醒脑提神，止痒止痛。用于感冒头痛，中暑，晕车，蚊虫蜇咬等。

【用法用量】外用，需要时涂于太阳穴或患处。

【注意事项】皮肤黏膜破损处禁用。密闭，置阴凉处。

4. 风油精

【处方】薄荷脑、水杨酸甲酯、樟脑、桉油、丁香酚。

【功能主治】消炎、镇痛、清凉、止痒、祛风。用于伤风感冒引起的头痛、头晕以及由关节痛、牙痛、腹部胀痛和蚊虫叮咬、晕车等引起的不适。

【用法用量】外用涂抹于患处。口服，一次 4～6 滴，小儿酌减，或遵医嘱。

【注意事项】皮肤有烫伤、损伤及溃疡者禁用。涂药时注意不要将药误入眼内。外搽后皮肤出现皮疹瘙痒者应停用。瓶盖宜拧紧，以防止药物挥发。密封，置阴凉处。

5. 麝香舒活搽剂

【处方】麝香酊、樟脑、红花酊、血竭酊、冰片、三七酊、薄荷脑、地黄酊。

【功能主治】活血散瘀，消肿止痛。用于闭合性新旧软组织损伤和肌肉疲劳酸痛及风湿痹痛。

【用法用量】外用适量，局部按摩或涂搽患处。

【注意事项】孕妇及皮肤破损处禁用。使用过程中若出现皮疹等皮肤过敏者应停用。密封，置阴凉处。

6. 薄荷锭

【处方】薄荷脑。

【功能主治】散风，泄热。用于风热感冒头痛。

【用法用量】使用时嗅吸或擦患处，用后密盖。

【注意事项】本品为外用药，不可内服。对本品过敏者禁用，过敏体质者慎用。本品性状发生改变时禁止使用。密闭，置阴凉干燥处。

7. 万宝油

【处方】薄荷脑、樟脑、薄荷油、桉油、丁香酚、肉桂油、广藿香油、甘松油、浓氨溶液、血竭。

【功能主治】清凉，镇痛，驱风，消炎，抗菌。用于伤风感冒，中暑目眩，胀风肚痛，头痛牙痛，筋骨疼痛，舟车晕浪，水火烫伤，蚊虫叮咬等所引起的不适。

【用法用量】外用，搽太阳穴或涂于患处。

【注意事项】皮肤破损处忌用，禁用于Ⅱ度以上的烫伤。密封，置阴凉处。

8. 复方薄荷脑鼻用吸入剂

【处方】薄荷脑、樟脑、水杨酸甲酯。

【作用特点】本品是由薄荷脑、樟脑、水杨酸甲酯组成的易挥发的血管刺激剂，通过经鼻黏膜吸收进入鼻黏膜毛细血管，使毛细血管收缩，达到缓解鼻塞的作用。

【注意事项】本品挥发性强，使用完毕，请将外套旋紧。不适用于儿童。密封，阴凉处保存。

9. 复方薄荷脑软膏

【处方】水杨酸甲酯、樟脑、薄荷脑、松节油、桉油。

【功能主治】具有消炎、止痛和止痒作用。用于由伤风感冒所致的鼻塞、昆虫叮咬、皮肤皲裂、轻度烧烫伤、擦伤、晒伤及皮肤瘙痒等。

【用法用量】外用。伤风感冒涂于鼻下；昆虫叮咬或皮肤皲裂等，涂于患处。

【注意事项】若伤风感冒长期未愈或同时有发热者，不宜用本品，应到医院诊治。不得用于皮肤破溃处。避免接触眼睛和其他黏膜（如口、鼻等）。用药部位如有烧灼感、红肿等情况应停药，并将局部药物洗净，必要时向医生咨询。因含有水杨酸甲酯，婴儿不宜长期使用。不应大面积使用。密封，在阴凉处保存。

10. 薄荷止痒酊

【处方】薄荷脑、水杨酸、尿囊素、甘油。

【功能主治】祛风清热。用于风热郁肤所致的慢性皮肤瘙痒。

【用法用量】外用，将患处洗净后，涂搽。

【注意事项】使用时勿溅入眼内或口腔内。小儿及乙醇过敏者慎用。密封，避光，置阴凉处。

11. 薄荷麝香草酚搽剂

【处方】樟脑、薄荷脑、苯酚、麝香草酚。

【功能主治】用于痱子或皮炎止痒。

【注意事项】使用时注意勿溅入眼内和口腔内。本品应置于儿童不能触及的地方。不宜大面积使用。当药品性状发生改变时禁止使用。遮光，密封保存。

12. 乳香风湿气雾剂

【处方】人工麝香、血竭、乳香、没药、肉桂油、薄荷素油、丁香罗勒油、水杨酸甲酯、麝香酮、桉油。

【功能主治】祛风活血，消肿止痛。用于风湿痛，关节痛，腰腿痛及跌打损伤。

【注意事项】本品为外用药，禁止内服。忌食生冷、油腻食物。切勿接触眼睛、口腔等黏膜处。皮肤破溃处禁用。切勿置本品于近火及高温处并严禁剧烈碰撞，使用时勿近明火。孕妇忌用。密闭，置阴凉干燥处。

13. 口洁含漱液

【处方】金银花、菊花、板蓝根、薄荷脑、桉油。

【功能主治】清热解毒。用于口腔、咽喉红肿疼痛。

【用法用量】含漱使用，含漱后吐出。

【注意事项】孕妇慎用。密封，置阴凉处。

14. 冰霜痱子粉

【处方】滑石粉、碳酸钙粉、冰片、薄荷脑、龙涎香精。

【功能主治】除湿止痒。用于夏令痱子，刺痒难忍。

【用法用量】外用药，用温水将汗洗净，扑擦患处。

【注意事项】本品为外用散剂，切忌内服，不可入眼、口、鼻等黏膜处。常用温水洗浴，保持皮肤干净及排汗通畅。暑热之时，不宜冷水激身，以防汗孔骤闭，汗不得出。用药至皮损消退后，即可停止使用。皮损如有脓疱出现时，应到医院诊治。密封。

15. 克痒敏酊

【处方】山乌龟（别名地不容，防己科千金藤属植物），黄柏，三叉苦，白芷，重楼，细辛，毛麝香，荆芥，两面针，苦参，虎杖，蛇床子，九里香，冰片，薄荷脑，山苍子，钻骨风，地榆，水杨酸甲酯。

【功能主治】收敛止痒，消炎解毒。用于急慢性湿疹、荨麻疹、虫咬性皮炎、接触性皮炎等引起的皮肤瘙痒症。

【用法用量】外用，搽患处。

【注意事项】本品仅供外用，不得内服。皮肤溃烂者忌用。密封。

（五）薄荷提取物注射液

常见的含薄荷提取物的注射液，介绍如下：

1. 复方薄荷脑注射液

【处方】活性成分为薄荷脑与盐酸利多卡因。

【功能主治】用于肛周手术中及手术后长效止痛。

【注意事项】对本品和乙醇过敏者禁用。严禁注入椎管、血管、皮内及黏膜内。局部感染者慎用。本品应用局部用量不宜过高，否则有可能造成不可逆性神经损伤和肌组织损伤。遮光，在冷暗处保存。

2. 复方麝香注射液

【处方】人工麝香、郁金、藿香、石菖蒲、冰片、薄荷脑。

【功能主治】豁痰开窍、醒脑安神。用于痰热内闭所致的中风昏迷。

【注意事项】如产生浑浊或沉淀不得使用。本品为芳香性药物，开启后立即使用，防止挥发。运动员慎用。孕妇禁用。对本品过敏者禁用。遮光，密闭，置阴凉处保存。

第三节　薄荷的合理应用

一、用法与用量

《中国药典》2020 年版一部中，薄荷的用法与用量为 3 ~ 6g，后下。明确了薄荷的用量及使用方法。

（一）薄荷内服

薄荷饮片入药煎煮时要求后下，原因在于薄荷含有挥发性成分，如果与其他药物同煎，有效成分会随之挥发，影响疗效。

服用薄荷一般有三种情况：一是医生开具处方，与其他药材配伍使用，用量为 3 ~ 6g。煎煮时后下。二是作为茶饮服用时，取用适量即可。三是鲜薄荷作为食疗养生，用量为 20 ~ 30g。需要注意的是，用作茶饮时孕产妇、月经期妇女、儿童要忌服；晚上不宜食用过多，可能会引起失眠。用于食疗养生时，薄荷忌与鳖肉搭配。

（二）薄荷外用

1. 类风湿关节炎　鲜薄荷茎叶，鲜虎杖茎叶，鲜艾叶，切小段，按一定比例混合，水煎后过滤药渣，倒入容器中，当温度高时先熏患处，温度适宜时用干净棉布蘸药汁外敷患处，也可等温度适宜时，将患处浸入药盆内泡洗患处，如药液变凉可再加温，重复上述步骤，每次 1 小时。（以上方法需在医生指导下使用）

2. 口腔溃疡 冰片，薄荷脑，50% 酒精（或 48°～52° 白酒），按一定比例混合，溶解后蒸馏水加至一定量，备用。生理盐水棉球清洁口腔后，用棉签蘸药液涂患处，每日 3 次。对于因阴精亏虚、虚火上炎所致的口腔溃疡，可起到清热止痛、消毒杀菌的功效（以上方法需在医生指导下使用）。

二、配伍应用

（一）薄荷配牛蒡子

二者均有疏散风热及透疹作用，相须应用，可加强疏散风热、透疹之功，用于治疗外感风热表证及麻疹初起、疹出不畅之症。

（二）薄荷配桔梗

薄荷疏散风热，清头目而利咽喉；桔梗开宣肺气而利胸膈咽喉，二者相使伍用，可散风热、利咽喉，对于风热之邪所致之咽喉肿痛疗效佳。

（三）薄荷配蝉蜕

薄荷疏散风热、清利头目、透疹止痒；蝉蜕疏风清热、透发瘾疹，轻清升散、善走皮腠，同时能引薄荷入血祛风止痒。二者伍用，有散风热、清头目、利咽喉、透斑疹、祛风止痒之功效，用于治疗外感风热或温病初起之头痛、发热、咽喉疼痛；麻疹初起或疹透不畅者以及荨麻疹、皮肤瘙痒等症。

（四）薄荷配钩藤

薄荷味辛性凉，入肺、肝经，功擅疏风清热、透疹利咽、疏肝解郁；钩藤味甘性凉，入肝、心经，长于清热平肝、息风定惊。二者伍用，共奏祛风清热解表、清利咽喉止咳之功效，用于治疗风热感冒之发热、无汗、微恶风寒、头痛、身痛者；咳嗽因内伤或外感所致之，且日久不愈者以及肝阳上亢之头胀头痛、头晕目眩者。

（五）薄荷配石膏

石膏味辛性寒，质重气浮，解肌肤邪热，清气分实热，薄荷辛凉芬芳，最善透窍，内而脏腑，外面皮毛，凡有风邪匿藏，皆能逐之外出。二药配伍善解表里之热，既解又清，清解合法，内清外透，畅通内外道路，使腠理疏通，邪热自可里消外出，治外感病其妙。

（六）薄荷配酒大黄

薄荷辛凉清解，散外表之邪热，利咽散肿；酒大黄苦寒清热，泄肺胃之郁火。两药合用可治疗急性扁桃体炎，起到表里兼顾，共奏疗效之功。

（七）薄荷配芦根

薄荷辛凉、发汗解表，专于消风散热。芦根甘寒，清降肺胃、渗湿行水，两药煎汤代茶有祛暑生津、去烦渴的功效。

（八）薄荷配车前子

车前子味甘性寒，功能清肝明目、凉血祛痰、清热利尿；薄荷性味辛凉，功能清头目、解风热。

（九）薄荷配金银花、连翘、牛蒡子

四者配伍，可清邪在卫分之发热恶风、头痛、咽喉肿痛、口鼻干燥。

（十）薄荷配荆芥穗、苦杏仁、化橘红、百部

可用于治疗伤风重，头痛身热，恶风怕冷，鼻塞声重，咳嗽清涕，痰多白清而稀，或咳甚，或无汗而喘，苔薄滑者。

（十一）薄荷配僵蚕、芒硝、白矾、黄连

可治疗缠喉风、乳蛾、喉痹、舌重、木舌。

（十二）薄荷配柴胡、白芍、当归

治疗肝郁气滞、胸肋胀满、月经不调。

（十三）薄荷配藿香、枳壳、山楂、连翘

可用于夏季感受暑湿秽浊之气所致的腹痛吐泻等症。

三、方剂举例

（一）凉膈散（《太平惠民和剂局方》）

【方剂组成】大黄、朴硝、甘草（各600g）、栀子仁、薄荷、黄芩（各300g）、连翘（1 200g）。

【功能主治】泻火通便，清上泻下。主治上中二焦火热

证，症见身热口渴，面赤唇焦，胸膈烦热，或谵语狂妄，口舌生疮，咽喉肿痛，便秘溲赤，舌红苔黄，脉滑数。

【用法】以上药为粗末，每服6g，水一盏，入竹叶七片，蜜少许，煎至七分，去渣，饭后温服。小儿可服1.5g，更随岁数加减服之。

（二）牛蒡解肌汤（《疡科心得集》）

【方剂组成】炒牛蒡子、薄荷、荆芥、连翘、栀子、牡丹皮、干石斛、玄参、夏枯草。

【功用】疏风清热、凉血消肿。

【主治】头面风热，颈项痰毒，风热牙痛，兼有表证者。

（三）银翘散（《温病条辨》）

【方剂组成】连翘（9g），金银花（9g），桔梗（6g），薄荷（6g），淡竹叶（4g），生甘草（5g），荆芥穗（5g），淡豆豉（5g），牛蒡子（9g），芦根（9g）。

【制法】按原方配伍比例酌情增减，改作汤剂，水煎服。亦可制丸剂或散剂服用。"香气大出，即取服，勿过煮"此说实为解表剂煎煮火候的通则。

【功用】辛凉透表，清热解毒。

【主治】温病初起。发热无汗，或有汗不畅，微恶风寒，头痛口渴，咳嗽咽痛，舌尖红，苔薄白或薄黄，脉浮数。

【方解】温者，火之气也，自口鼻而入，内通于肺，所以说"温邪上受，首先犯肺"肺与皮毛相合，所以温病初起，多见发热，头痛，微恶风寒，汗出不畅或无汗。肺受温热之邪，上熏口咽，故口渴、咽痛。肺失清肃，故咳嗽。治当辛凉解表，透邪泄肺，使热清毒解。吴氏宗《素问·至真要大论》中"风淫于内，治以辛凉，佐以苦甘"之训，综合前人治温之意，用金银花、连翘为君药，既有辛凉透邪清热之效，又有芳香辟秽解毒之功。辛温的荆芥穗、豆淡豉为臣药，助君药开皮毛而逐邪，桔梗宣肺利咽，甘草清热解毒，竹叶清上焦热，芦根清热生津，皆是佐使药。本方特点有二：一是芳香辟秽，清热解毒；一是辛凉中配以小量辛温之品，且又温而不燥，既利于透邪，又不背辛凉之旨。方中淡豆豉因制法不同而有辛温辛凉之异，但吴氏于本方后有"衄者，去芥穗、豆豉"之明文。在银翘散去淡豆豉加生地黄、牡丹皮、大青叶，倍元参汤的方论中又明确指出："去豆豉，畏其温也。"（《温病条辨·上焦篇》第十六条）所以本方的淡豆豉还应作辛温为是。

【化裁】"渴者，加天花粉（清热生津）；项肿咽痛者，加马勃、玄参（清热解毒）；衄者，去荆芥、淡豆豉（因其辛温发散而动血），加白茅根 9g、侧柏炭 9g、栀子炭 9g，清热凉血以止衄；咳者，加苦杏仁，利肺气。二三日病犹在肺，热渐入里，加生地黄，麦冬，保津液；再不解，或小便短者，加知母、黄芩、栀子之苦寒，与麦、地之甘寒，合化阴气而治热淫所胜。"此皆银翘散证常见诸兼证之治法，体会其精神即可，不必拘执于一证一药。

【方论】吴瑭："本方谨遵《内经》'风淫于内，治以辛凉，佐以苦甘；热淫于内，治以咸寒，佐以甘苦'之剂。又宗喻嘉言芳香逐秽之说，用东垣清心凉膈散，辛凉苦甘，病初起，且去入里之黄芩，勿犯中焦；加银花辛凉，芥穗芳香，散热解毒，牛蒡子辛平润肺，解热散结，除风利咽，皆手太阴药也……此方之妙，预护其虚，清肃上焦，不犯中下，无开门缉盗之弊，有轻以去实之能，用之得法，自然奏效。"

（四）桑菊饮（《伤寒论》）

【方剂组成】桑叶（7.5g），菊花（3g），苦杏仁（6g），连翘（5g），薄荷（2.5g），桔梗（6g），甘草（2.5g），芦根（6g）。

【制法】水二杯，煮取一杯，日二服。

【功用】疏风清热，宣肺止咳。

【主治】风温初起。但咳，身热不甚，口微咳。

【方解】风温袭肺，肺失清肃，所以气逆而咳。受邪轻浅，所以身热不甚，口微渴。因此，治当辛以散风，凉以清肺为法。本方用桑叶清透肺络之热，菊花清散上焦风热，并作君药。臣以辛凉之薄荷，助桑叶、菊花散上焦风热，桔梗、苦杏仁，一升一降，解肌肃肺以止咳。连翘清透膈上之热，芦根清热生津止渴，用作佐药。甘草调和诸药，是作使药之用。诸药配合，有疏风清热、宣肺止咳之功。但药轻力薄，若邪盛病重者，可仿原方加减法选药。

【化裁】如"二、三日不解，气粗似喘"是兼气分有热，可"加石膏、知母"，若"肺中热甚"咳嗽较频，可"加黄芩"清肺止咳。口渴者"加花粉"清热生津。此外，若肺热咳甚伤络，咳痰夹血者，可加白茅根、藕节、牡丹皮之类，凉血止血；若有痰黄稠，不易咯出者，可加瓜蒌皮、浙贝母之类，清化热痰。至于原书还有"入营""在血分"之加减法，相去已远，且另有治法，可置之不议。

【方论】吴瑭："此辛甘化风、辛凉微苦之方也。盖肺为清虚之脏，微苦则降，辛凉则平，立此方所以避辛温也。今世用杏苏散，通治四时咳嗽，不知杏苏散辛温，只宜风寒，不宜风温，且有不分表里之弊……风温咳嗽，虽系小病，常见误用辛温重剂，销铄肺液，致久咳成劳者，不一而足。"

（五）宣毒发表汤（《医宗金鉴》）

【方剂组成】升麻，葛根，麸炒枳壳，防风，荆芥，薄荷，川木通，连翘，炒牛蒡子，淡竹叶，甘草，前胡，芫荽，桔梗。

【功用】辛凉透表，清宣肺卫。

【主治】麻疹透发不出，发热咳嗽，烦躁口渴，小便赤者。

（六）芎菊上清丸（《太平惠民和剂局方》）

【方剂组成】川芎，菊花，黄芩，白芷，桔梗，栀子，连翘，防风，蔓荆子，荆芥穗，甘草，羌活，薄荷，藁本，黄连。

【功用】清热解表，散风止痛。

【主治】用于外感风邪引起的恶风身热，偏正头痛，鼻流清涕，牙疼喉痛。

（七）陈达夫经验方（《陈达夫中医眼科临床经验》）

【方剂组成】菊花，桑叶，防风，炒僵蚕，蒺藜，赤芍，地黄，薄荷。

【主治】适用于风热上扰证。

（八）驱风散热饮子加减（《审视瑶函》）

【方剂组成】连翘，炒牛蒡子，防风，羌活，薄荷，大黄，赤芍，甘草，川芎，当归，栀子。

【功用】疏风散邪，兼以清热。

【主治】天行赤热，目赤疼痛，或睑肿头重，怕日羞明，泪涕交流。

（九）六味汤（《喉科秘旨》）

【方剂组成】荆芥，防风，炒僵蚕，桔梗，薄荷，甘草。

【功用】疏风利咽。

【主治】风寒或风热所致咽喉病初起。

（十）竹叶柳蒡汤（《先醒斋医学广笔记》）

【方剂组成】西河柳（15g），荆芥穗（3g），葛根（4.5g），蝉蜕（3g），薄荷叶（3g），鼠粘子（炒，研，4.5g），知母（蜜炙，3g），玄参（6g），甘草（3g），麦冬（去心，9g），竹叶（三十片，3g）。

【制法】水煎服。

【功用】透疹解表，清热生津。

【主治】痧疹初起，透发不出。喘嗽，鼻塞流涕，恶寒轻，发热重，烦闷躁乱，咽喉肿痛，唇干口渴，苔薄黄而干，脉浮数。

【方解】升麻葛根汤、竹叶柳蒡汤都有透疹清热之功而用治麻疹初起，透发不出。但前方专于解肌透疹，其透散清热之力较弱，是治麻疹初起未发的基础方；后方不仅透疹清热之力大，且兼生津止渴之功，是治麻疹透发不出、热毒内蕴兼有津伤的常用方。

（十一）败毒散（《太平惠民和剂局方》《小儿药证直诀》）

【方剂组成】柴胡，前胡，川芎，枳壳，羌活，独活，茯苓，桔梗，人参，甘草，生姜，薄荷。

【制法】上为粗末。每服二钱（6g），水一盏，加生姜、薄荷各少许，同煎七分，去滓，不拘时服，寒多则热服，热多则温服（现代用法：作汤剂煎服，用量按原方比例酌减）。

【功用】散寒祛湿，益气解表。

【主治】气虚，外感风寒湿表证。憎寒壮热，头项强痛，肢体酸痛，无汗，鼻塞声重，咳嗽有痰，胸膈痞满，舌淡苔白，脉浮而按之无力。（本方常用于感冒、流行性感冒、支气管炎、风湿性关节炎、痢疾、过敏性皮炎、湿疹等属外感风寒湿邪兼气虚者）。

【方解】方义1：虚人而感风寒湿邪，邪正交争于肌腠之间，正虚不能祛邪外出，故憎寒壮热而无汗，头项强痛，肢体酸痛。风寒犯肺，肺气不宣，故鼻塞声重，咳嗽有痰。胸膈痞满，舌苔白腻，脉浮而濡，正是风寒兼湿之证。所以治当益气解表，散寒祛湿。方中羌活、独活并为君药，辛温发散，通治一身上下之风寒湿邪。川芎行血祛风；柴胡辛散解肌，并为臣药，助羌活、独活祛外邪，止疼痛。枳壳降气，桔梗开肺，前胡祛痰，茯苓渗湿，并为佐药，利肺气，除痰湿，止咳嗽。甘草调和诸药，兼以益气和中。生姜、薄荷，发散风寒，皆是佐使之品。配以小量人参补气，使正气足则鼓邪外出，一汗而风寒湿皆去，亦是佐药之意。本方原为小儿而设，因小儿元气未充，故用小量人参，补其元气，正如《医方考》曰："培其正气，散其邪毒，故曰败毒。"后世推广用于年老、产后、大病后尚未复元，以及素体虚弱而感风寒湿邪，见表寒证者，往往多效。喻昌（《寓意草》）也认为："人受外感之邪，必先汗以驱之。惟元气大旺者，外邪始乘药势而出。若元气素弱之人，药虽外行，气从中馁，轻者半出不出，留连为困，重者随元气缩入，发热无休……所以虚弱之体，必用人参三、五、七分，入表药中少助元气，以为驱邪之主，使邪气得药，一涌而出，群非补养虚弱之意也。"喻氏不仅常用本方治时疫初起，并用治外邪陷里而成痢疾者，使陷里之邪，还从表出而愈，称为"逆流挽舟"

之法。

方义 2：本方证系正气素虚，又感风寒湿邪。风寒湿邪袭于肌表，卫阳被遏，正邪交争，故见憎寒壮热、无汗；客于肢体、骨节、经络，气血运行不畅，故头项强痛、肢体酸痛；风寒犯肺，肺气郁而不宣，津液聚而不布，故咳嗽有痰、鼻塞声重、胸膈痞闷；舌苔白腻，脉浮按之无力，正是虚人外感风寒兼湿之征。治当散寒祛湿，益气解表。方中羌活、独活能发散风寒、除湿止痛，羌活长于祛上部风寒湿邪，独活长于祛下部风寒湿邪，合而用之，为通治一身风寒湿邪的常用组合，共为君药。川芎行气活血，并能祛风；柴胡解肌透邪，且能行气，二药既可助君药解表逐邪，又可行气活血加强宣痹止痛之力，俱为臣药。桔梗辛散，宣肺利膈；枳壳苦温，理气宽中，与桔梗相配，一升一降，是畅通气机、宽胸利膈的常用组合；前胡化痰以止咳；茯苓渗湿以消痰，皆为佐药。生姜、薄荷为引，以助解表之力；甘草调和药性，兼以益气和中，共为佐使之品。方中人参亦属佐药，用之益气以扶其正，一则助正气以鼓邪外出，并寓防邪复入之义；二则令全方散中有补，不致耗伤真元。综观全方，用羌独活、川芎、柴胡、枳壳、桔梗、前胡等与人参、茯苓、甘草相配，构成邪正兼顾、祛邪为主的配伍形式。扶正药得祛邪药则补不滞邪，无闭门留寇之弊；祛邪药得扶正药则解表不伤正，相辅相成。喻嘉言用本方治疗外邪陷里而成之痢疾，意即疏散表邪，表气疏通，里滞亦除，其痢自止。此种治法，称为"逆流挽舟"法。

【禁忌】本方多辛温香燥之品，若是暑温、湿热蒸迫肠中而成痢疾者，切不可误用。若非外感风寒湿邪，寒热无汗者，亦不宜服。（方中药物多为辛温香燥之品，外感风热及阴虚外感者，均忌用。若时疫、湿温、湿热蕴结肠中而成之痢疾，切不可用。）

【化裁】若正气未虚，而表寒较甚者，去人参，加荆芥、防风以祛风散寒；气虚明显者，可重用人参，或加黄芪以益气补虚；湿滞肌表经络、肢体酸楚疼痛甚者，可酌加威灵仙、桑枝、秦艽、防己等祛风除湿，通络止痛；咳嗽重者，加苦杏仁、白前止咳化痰；痢疾之腹痛、便脓血、里急后重甚者，可加白芍、木香以行气和血止痛。

【方论】赵羽皇："东南土地卑湿，凡患感冒，辄以伤寒二字混称。不知伤者，正气伤于中，寒者，寒气客于外，未有外感而内不伤者也。仲景医门之圣，立方高出千古。其言冬时严寒，万类深藏，君子固密，不伤于寒。触冒之者，乃名伤寒，以失于固密而然。可见人之伤寒，悉由元气不固，腠理之不密也。昔人常言伤寒为汗病，则汗法其首重矣。然汗之发也，其出自阳，其源自阴。故阳气虚，则营卫不和而汗不能作；阴气弱，则津液枯涸而汗不能滋。但攻其外，不固其内可乎？表汗无如败毒散、羌活汤。其药如二活、二胡、芎、仓、辛、芷，群队辛温，非不发散，若无人参、生地之大力者君乎其中，则形气素虚者，必致亡阳；血虚挟热者，必致亡阴，而成痼疾矣。是败毒散之人参，与冲和汤之生地，人谓其补益之法，我知其托里之法。盖补中兼发，邪气不致于流连；发中带补，真元不致于耗散，施之于东南地卑气暖之乡，最为相宜，此古人制方之义。然形气俱实，或内热炽盛，则更当以河间法为是也。"《医宗金鉴·删补名医方论》方论选录喻昌《寓意草》："伤寒病有宜用人参入药者，其辨不可不明。盖人受外感之邪，必先发汗以驱之。其发汗时，惟元气大旺者，外邪始乘药势而出；若元气素弱之人，药虽外行，气从中馁，轻者半出不出，留连为困，重者随元气缩入，发热无休，去生远矣。所以虚弱之体，必用人参三五七分，入表药中，少助元气，以为驱邪之主，使邪气得药，一涌而去，全非补养虚弱之意也。"《太平惠民和剂局方》卷二："伤寒时气，头痛项强，壮热恶寒，身体烦疼，及寒壅咳嗽，鼻塞声重；风痰头痛，呕哕寒热。"

（十二）加减葳蕤汤（《重订通俗伤寒论》）

【方剂组成】生葳蕤（9g），生葱白（6g），桔梗（4.5g），东白薇（3g），淡豆豉（12g），薄荷（4.5g），炙甘草（1.5g），红枣二枚。

【功用】扶正，滋阴，解表。

【制法】水煎，分温再服。

【主治】素体阴虚，外感风热证。头痛身热，微恶风寒，无汗或有汗不多，咳嗽，心烦，口渴，咽干，舌红，脉数。（本方常用于老年人及产后感冒、急性扁桃体炎、咽炎等属阴虚外感者。）

【方解】本方主治阴虚之体外感风热者。外感风热，故见头痛身热、微恶风寒、无汗或有汗不畅、咳嗽、口渴等症；阴虚之体，感受外邪，易于化热，且阴虚者亦多生内热，故除上述邪袭肺卫的见症外，尚有咽干、心烦、舌赤、脉数之症。治当辛凉解表，滋阴清热。方中葳蕤（即玉竹）味甘性寒，入肺胃经，为滋阴润燥主药，用以润肺养胃、清热生津，因其滋而不腻，对阴虚而有表热证者颇宜；薄荷辛凉，归肝、肺经，"为温病宜汗解者之要药"（《医学衷中参西录》上册），用以疏散风热、清利咽喉，共为君药。葱白、淡豆豉解表散邪，助薄荷以逐表邪，为臣药。白薇味苦性寒，善于清热而不伤阴，于阴虚有热者甚宜；桔梗宣肺止咳；大枣甘润养血，均为佐药。使以甘草调和药性。诸药配伍，汗不伤阴，滋不碍邪，为滋阴解表之良剂。

【化裁】若表证较重，酌加防风、葛根以祛风解表；咳嗽咽干、咯痰不爽者，加牛蒡子、瓜蒌皮以利咽化痰；心烦口渴较甚，加竹叶、天花粉以清热生津除烦。

【附注】本方专为素体阴虚，感受风热之证而设。临床应用以身热微寒，咽干口燥，舌红，苔薄白，脉数为辨证要点。方剂比较：葱白七味饮与加减葳蕤汤均系滋阴养血药与解表药相配的扶正解表方剂。葱白七味饮系补血药与辛温解表药并用，故为治血虚外受风寒证之代表方，临床应用以头痛身热、恶寒无汗兼见血虚或失血病史为主要依据；而加减葳蕤汤是补阴药与辛凉解表药合用，为治阴虚外感风热证之代表方，临床应用以身热、微恶寒、有汗或汗出不多、口渴、心烦、咽干、舌红、脉数为用方指征。

【方论】何秀山《重订通俗伤寒论》："方以生玉竹滋阴润燥为君，臣以葱（白）、（豆）豉、薄（荷）、桔（梗）疏风散热，佐以白薇苦咸降泄，使以甘草、红枣甘润增液，以助玉竹之滋阴润燥，为阴虚之体感冒风温，以及冬温咳嗽、咽干、痰结之良剂。"《重订通俗伤寒论·第二章·六经方药》："阴虚之体，感冒风温，及冬温咳嗽，咽干痰结者。"

（十三）仓廪散（《普济方》）

【方剂组成】人参（9g），茯苓（9g），甘草（9g），前胡

（9g），川芎（9g），羌活（9g），独活（9g），桔梗（9g），枳壳（9g），柴胡（9g），陈仓米（9g），生姜（9g），薄荷（9g）。

【功用】扶正解表，益气解表，祛湿和胃。

【制法】上研末。加生姜、薄荷煎，热服。

【主治】噤口痢。下痢，呕逆不食，食入则吐，恶寒发热，无汗，肢体酸痛，苔白腻，脉浮濡。

【方解】仓廪散于败毒散中加陈仓米，则具健脾和胃之功，适用于脾胃素弱而外感风寒湿邪之噤口痢。

（十四）人参败毒散（《小儿药证直诀》）

【方剂组成】人参，羌活，独活，柴胡，茯苓，桔梗，甘草，前胡，川芎，麸炒枳壳，生姜，薄荷。

【功用】发汗解表，散风祛湿。

【主治】外感风寒湿邪，憎寒壮热，头痛项强，肢体酸痛。

（十五）双解汤（《庞赞襄中医眼科经验》）

【方剂组成】金银花，蒲公英，黄芩，天花粉，蜜桑白皮，枳壳，龙胆，羌活，防风，荆芥，薄荷，大黄，滑石粉，石膏，甘草。

【功用】内清外解。

【主治】急慢性结膜炎。

（十六）防风通圣散（《宣明论方》）

【方剂组成】防风、川芎、当归、酒白芍、薄荷、麻黄、连翘、石膏、黄芩片、桔梗、白术、滑石粉、甘草、荆芥、栀子、黄芪、党参。

【功用】疏风解表，泻热通里。

【主治】风热壅盛，表里俱实，憎寒壮热，头目昏眩，偏正头痛，目赤睛痛，口苦口干，咽喉不利，胸膈痞闷，咳呕喘满，涕唾稠黏，大便秘结，小便赤涩，苔腻微黄，脉数。

（十七）表里双解汤（《张皆春眼科证治》）

【方剂组成】薄荷、荆芥、酒大黄、牡丹皮、赤芍、桑白皮、金银花、酒黄芩、石膏。

【功用】内清外解。

【主治】风热并重，白睛红赤肿胀，高出风轮，胞肿如桃，痛痒间作者。

（十八）双解散（《目经大成》）

【方剂组成】防风，大黄，薄荷，白芍，当归，甘草，白术，滑石，石膏，栀子，桔梗，连翘，川芎，荆芥，麻黄，芒硝，黄芩。

【功用】疏风，散热，明目。

【主治】风火相搏而成时行赤眼，暴赤肿痛，白珠血片。

（十九）加味逍遥散（《审视瑶函》）

【方剂组成】柴胡，当归，白芍，白术，茯苓，生姜，薄荷，炙甘草，防风，龙胆。

【功用】疏利玄府，清肝解郁。

【主治】暴盲（指视力骤然丧失或视力迅速迅速下降的眼底病）。

（二十）黑逍遥散（《医略六书》）

【方剂组成】柴胡，白芍，当归，白术，茯苓，甘草，地黄，煨姜，薄荷。

【功用】疏肝健脾，养血调经。

【主治】肝郁血虚证，所致经前腹痛，脉弦虚者。

（二十一）凉营清气汤（《喉痧证治概要》）

【方剂组成】水牛角，干石斛，石膏，地黄，薄荷，甘草，黄连片，栀子，牡丹皮，赤芍，玄参，连翘，淡竹叶，白茅根，芦根。

【功用】清气凉营，泻火解毒。

【主治】痧麻虽布，壮热烦躁，渴欲冷饮，甚则谵语妄言，咽喉肿痛腐烂，脉洪数，舌红绛，或黑燥无津之重症。

（二十二）清热地黄汤（《幼科直言》）

【方剂组成】熟地黄，山茱萸，山药，牡丹皮，茯苓，泽泻，柴胡，薄荷。

【功用】清热解毒，凉血散瘀。

【主治】血崩烦热，脉洪涩者。

（二十三）泻心汤（《审视瑶函》）

【方剂组成】黄连，黄芩，大黄，连翘，荆芥，盐车前子，赤芍，薄荷。

【功用】泻火消痞。

【主治】邪热壅滞心下，气机痞塞证。

（二十四）内疏黄连汤（《医宗金鉴》）

【方剂组成】黄连，栀子，黄芩，桔梗，木香，槟榔，连翘，酒白芍，薄荷，甘草，当归，大黄。

【功用】通利二便，清解里热。

【主治】疮疡热毒炽盛，肿硬木闷，根盘深大，皮色不变，呕哕（huì）烦热，大便秒结，脉象沉实者。

(二十五) 透疹凉解汤 (《中医临床手册》)

【方剂组成】桑叶，菊花，连翘，炒牛蒡子，薄荷，赤芍，蝉蜕，紫花地丁，荆芥，金银花。

【功用】清热解毒。

【主治】风痧，邪热炽盛，高热口渴，心烦不宁，疹色鲜红或紫暗，疹点较密，小便黄少，舌质红，苔黄。

(二十六) 四物消风饮 (《医宗金鉴》)

【方剂组成】地黄，当归，荆芥，防风，赤芍，川芎，白鲜皮，蝉蜕，薄荷，独活，柴胡，大枣。

【功用】调荣养血，消风。

【主治】赤白游风，滞于血分发赤色者。

(二十七) 安魂琥珀丹 (《丹溪心法附余》卷一)

【方剂组成】天麻1两，川芎1两，防风1两，细辛1两，白芷1两，羌活1两，川乌（炮，去皮脐）1两，荆芥穗1两，僵蚕1两，薄荷叶3两，全蝎半两，粉甘草半两，藿香半两，朱砂（细研，水飞）半两，麝香1钱，珍珠1钱，琥珀 1 钱。

【制法】上为细末，炼蜜为丸，如弹子大，金箔为衣。

【用法用量】每服 1 丸，空心茶清或酒送下。若蛇伤，狗咬，破伤风，牙关紧急，先用 1 丸擦牙，后用茶清调下 1 丸；如小儿初觉出痘疹，即用茶清调 1 丸与服。

（二十八）普济消毒饮（《东垣试效方》）

【方剂组成】黄芩，黄连，陈皮，甘草，玄参，柴胡，桔梗，连翘，板蓝根，马勃，牛蒡子，薄荷，僵蚕，升麻。

【功用】清热解毒，疏风散邪。

【主治】大头瘟。恶寒发热，头面红肿灼痛，目不能开，咽喉不利，舌燥口渴，舌红苔白兼黄，脉浮数有力。（本方常用于丹毒、腮腺炎、急性扁桃体炎、淋巴结炎伴淋巴管回流障碍等属风热邪毒为患者。

【方解】本方主治大头瘟（原书称大头天行），乃感受风热疫毒之邪，壅于上焦，发于头面所致。风热疫毒上攻头面，气血壅滞，乃致头面红肿热痛，甚则目不能开；温毒壅滞咽喉，则咽喉红肿而痛；里热炽盛，津液被灼，则口渴；初起风热时毒侵袭肌表，卫阳被郁，正邪相争，故恶寒发热；舌苔黄燥，脉数有力均为里热炽盛之象。疫毒宜清解，风热宜疏散，病位在上宜因势利导。疏散上焦之风热，清解上焦之疫毒，故法当解毒散邪兼施而以清热解毒为主。方中重用酒连、酒芩清热泻火，祛上焦头面热毒为君。以牛蒡子、连翘、薄荷、僵蚕辛凉疏散头面风热为臣。玄参、马勃、板蓝根有加强清热解毒之功；配甘草、桔梗以清利咽喉；陈皮理气疏壅，以散邪热郁结，共为佐药。升麻、柴胡疏散风热，并引诸药上达头面，且寓"火郁发之"之意，功兼佐使之用。诸药配伍，共收清热解毒、疏散风热之功。

【化裁】若大便秘结者，可加酒大黄以泻热通便；腮腺炎并发睾丸炎者，可加川楝子、龙胆草以泻肝经湿热。

（二十九）天行赤眼方（《眼科名家姚和清学术经验集》）

【方剂组成】羌活，薄荷，炒栀子，赤芍，连翘，炒牛蒡子，当归，大黄，黄芩，防风，川芎，甘草。

【功用】清热解毒，凉血，利咽。

【主治】天行热毒。

（三十）翘荷汤（《温病条辨》）

【方剂组成】连翘，薄荷，焦栀子，桔梗，绿豆皮，甘草。

【功用】疏风清热，解毒消肿。

【主治】燥气化火，清窍不利，耳鸣目赤，龈胀咽痛者。

（三十一）养阴清肺汤（《重楼玉钥》）

【方剂组成】地黄，麦冬，甘草，玄参，浙贝母，牡丹皮，薄荷，白芍。

【功用】养阴清肺，解毒利咽。

【主治】白喉，喉间起白如腐，不易拨去，咽喉肿痛，初起发热，或不发热，鼻干唇燥，或咳或不咳，呼吸有声，喘促气逆，甚至鼻翼煽动，脉数。

（三十二）八仙茶（《便览》卷四）

【方剂组成】薄荷叶，甘松，硼砂，白檀香，紫苏叶，儿茶，冰片、藿香叶，桂花，乌梅肉。

【制法】上为极细末，煎甘草半斤成膏为丸，如黄豆大。

【主治】化痰，清头目，行气止渴，消食，去躁烦，辟秽恶邪气及瘴雾毒气。

【用法用量】每噙化 1 丸。

（三十三）八仙丹（《灵验良方汇编》续编）

【方剂组成】紫苏，青蒿，薄荷，大蒜子，生姜，青梅，甘草，滑石。

【主治】暑天痧肚痛及腹泻。

（三十四）八珍散（《咽喉经验秘传》）

【方剂组成】薄荷，儿茶，珍珠，朱砂，甘草，牛黄，冰片，白灵丹（煅）。

【制法】以前6味自然汁为丸，如蚕豆大。

【主治】口、舌、喉内结毒生疮；广疮结毒。

【用法用量】此丹须于端午日或暑日办之，用雄黄或朱砂为衣尤佳。

（三十五）百草膏（《囊秘喉书》卷下）

【方剂组成】薄荷，玉丹，川贝，灯草灰，柿霜，甘草，天花粉，冰片，草霜。

【制法】研为末，用白蜜调膏。

【主治】喉癣及喉菌。

【用法用量】频咽噙之。若症重，兼服煎剂，并用吹丹。

（三十六）败毒汤（《喉痧症治概要》）

【方剂组成】荆芥穗，薄荷叶，连翘壳，生蒲黄，熟石膏，炒牛蒡，浙贝母，益母草，生甘草，京赤芍，炙僵蚕，板蓝根。

【主治】痧麻未曾透足，项颈结成痧毒，肿硬疼痛，身热无汗。

【用法用量】肺胃疫毒邪热移于大肠，大便泄泻，去牛蒡、石膏，加葛根、黄芩、黄连；挟食滞，加楂曲之类。

（三十七）薄荷白檀汤（《宣明论》）卷三

【方剂组成】白檀，荆芥穗，薄荷叶，栝楼根，甘草，白芷，盐，缩砂仁。

【制法】上为末。

【主治】消风化痰，清头目。主治风壅头目眩、鼻塞、烦闷、精神不爽。

（三十八）薄荷茶（《圣惠》卷九十七）

【方剂组成】薄荷，生姜，人参（去芦头），石膏（捣碎），麻黄（去根节）。

【制法】上锉。

【主治】伤寒。鼻塞头痛，烦躁。

【用法用量】先以水1大盏，煎至6分，去滓，分2次点茶热服。

（三十九）薄荷丹（《直指》卷二十二）

【方剂组成】薄荷，皂角末（不蛀者，去弦皮），连翘，何首乌（米泔浸 1 宿），蔓荆子，京三棱（煨），荆芥。

【制法】上为末，好豉 2 两半，以米醋煎沸酒豉，淹令软，研如糊为丸，如梧桐子大。

【主治】解瘰疬风热之毒，自小便去。

【用法用量】每服 30 丸，食后熟水送下，日 1 次。

（四十）薄荷点汤（《摄生众妙方》卷六）

【方剂组成】薄荷叶，瓜蒌根（生用），荆芥穗（生用），甘草（生用），砂仁（生用）。

【制法】研为细末。

【主治】风壅咽喉不利，痰实烦渴，困倦头昏，或发潮热，及一切风痰疮疥。

【用法用量】每 4 两药末入霜梅末 1 两，研匀，以瓷器贮。每服 1 钱，清茶点吃。

（四十一）薄荷甘桔杏子汤（《医方简义》卷二）

【方剂组成】薄荷，甘草，桔梗，苦杏仁（去皮尖）。

【主治】冬温初起，咳嗽，微热微汗，脉浮大者。

【用法用量】水煎服。

（四十二）薄荷煎丸（《局方》卷一）

【方剂组成】龙脑薄荷（取叶），防风（去苗），川芎，桔梗，缩砂仁，甘草（炙）。

【制法】上为末，炼蜜为丸，每两作 30 丸。

【主治】消风热，化痰涎，利咽膈，清头目。主治遍身麻痹，百节酸疼，头昏目眩，鼻塞脑痛，语言声重，项背拘急，皮肤瘙痒，或生隐疹，及肺热喉腥，脾热口甜，胆热口苦；又治鼻衄唾血，大小便出血，及伤风。

【用法用量】每服 1 丸，细嚼茶、酒任下。

（四十三）薄荷连翘方（《中医喉科学》引冰玉堂验方）

【方剂组成】金银花，连翘，生地黄，牛蒡子，山药，鲜竹叶，薄荷，绿豆衣。

【制法】祛风清热。主治风热牙痛。牙齿作痛，牙龈肿胀，不能咀嚼，腮肿而热，患处得凉则痛减，口渴，舌尖红，苔白干，脉浮数。

（四十四）薄荷牛蒡汤（《中医皮肤病学简编》）

【方剂组成】薄荷叶，牛蒡子，焦马勃，焦栀子，连翘壳，京玄参，西赤芍，板蓝根，大青叶，炒僵蚕，桔梗。

【主治】荨麻疹。

【用法用量】水煎服。

（四十五）薄荷散（《活幼心书》卷下）

【方剂组成】薄荷（及薄荷梗），骨碎补（去毛），甘草，金樱子根。

【主治】阳证脱肛。

【用法用量】上咬咀（用工具切片、捣碎）。每服2钱，水1盏，入无灰酒1大匙，煎7分，空心温服，或无时。

四、临床用药经验

（一）临床应用经验

1. 缓解便秘　脑外科术后患者卧床时间较长，肠蠕动减慢，导致宿便干燥、坚硬，排便困难。随着便秘时间延长，肠源性内毒素被吸收，可加剧病情。通过薄荷油湿热敷早期护理干预，使脑外伤术后便秘发生率明显下降，为早日康复奠定基础。

胸腰椎压缩性骨折是脊柱骨折常见类型，而腹胀是胸腰椎骨折后常见并发症，应用薄荷油进行脐部湿热敷，可促进肠蠕动。热敷又可使局部毛细血管扩张，加速腹腔血肿的吸收，减轻血肿对肠壁的刺激，从而达到消除腹胀的作用。

2. 防止肠粘连 粘连性肠梗阻患者常由腹腔内手术、炎症、创伤、出血、异物等原因引起，其发生率占各种类型肠梗阻的 46% 以上。中医辨证认为肠梗阻为阳明腑实证。应用薄荷油腹部湿热敷，可以调整血管舒张，使机体肠蠕动增强，气血通畅，腑气下行，减轻腹胀腹痛，促进肠管不间断活动，可减少再粘连形成，起到治疗和预防作用。

3. 单纯疱疹 单纯性疱疹中医又称"热疱"、亦称"火燎疱"，成人单纯疱疹病毒常为条件致病病毒，平时单纯疱疹病毒隐藏在神经节等处，当感冒或其他发热性疾病，机体抵抗力下降时，单纯疱疹病毒乘虚而入。好发部位为唇、鼻翼、颏和颊部皮肤。使用冬青薄荷膏辅佐用 75% 乙醇治疗后，局部立刻感到清凉、舒适，使烧灼感、痒感疼痛消失，水疱逐渐吸收，阻止病毒在局部进一步生长、繁殖、促进溃疡愈合，疗程明显。

（二）日常生活应用经验

1. 美体瘦身 薄荷叶不能减肥。薄荷作为一味发散风热的中药，其性辛凉，归于肺经和肝经，气味芳香开窍，擅长疏散上焦外感风热，可用于治疗外感风热引起的发热、头痛、咽喉肿痛、风疹瘙痒等。薄荷叶还具有疏肝解郁的作用，可用于治疗肝气郁结之心情郁结。现代药理学认为，薄荷叶的主要成分是挥发油，可使毛细血管扩张而促进发汗从而退热，单纯性的发汗只是带走身体中的水分，达到暂时性体重下降，并未从根本解决肥胖问题，所以薄荷叶并没有促进人体代谢从而减肥的作用。建议多做运动来减肥。

2. 清咽润喉　嗓子嘶哑时多含薄荷糖和润喉片来护嗓的方法是错误的。一方面，含薄荷糖或者润喉片能令口水分泌量增多，对咽喉起到润滑作用，但口水的分泌量是有限的，分泌太多，喉咙会处于比较干的状态，经常这样反而导致恶性循环，一旦不含薄荷糖或者润喉片，咽喉就不舒服；另一方面，含薄荷糖或者润喉片能让咽喉发凉，令人感觉稍为舒服，但同时也刺激了咽喉，导致声带更容易出问题，特别是嗓子本身有问题的患者。正确的做法是喝少量温开水，对声带具有滋润和保护作用。

（三）禁忌

1. 月经期妇女　薄荷性质属于凉性，虽然不像苦寒类药物强烈，但女性在月经期间属阴性控制身体内环境，阴寒本来就重，所以一定要避免寒性药物。

2. 孕妇及哺乳期妇女　薄荷叶的功效虽然有很多，但孕妇不宜大量食用。这是因为薄荷可以促进子宫收缩，损伤胎盘，具有出现流产的风险。又因薄荷有抑制乳汁的作用，哺乳期的妇女也不宜多用。

3. 体质虚弱、脾胃虚弱人群 此类人群不宜多食用薄荷。

4. 体虚多汗者 薄荷芳香辛散，肺虚咳嗽、血虚眩晕、阴虚发热多汗的患者也应慎用。表虚自汗者禁用。

五、保健与养生

（一）薄荷食疗

薄荷具有医用和食用双重功能，主要食用部位为茎和叶，也可榨汁服。在食用上，薄荷既可以作为调味剂，又可作香料，还可以配酒、冲茶等。

1. 薄荷粥 取新鲜薄荷 25g（或干薄荷 10g），冰糖少许，用适量水浸泡，中火熬制约 15 分钟，冷却后捞出薄荷，留汁。用 160g 梗米煮粥，待粥将成时，加入薄荷汤汁，煮沸即可。

功效：清新提神，疏风散热，增食欲，助消化。

2. 薄荷豆腐 鲜薄荷 30g，豆腐 2 块，葱花少许，加 2 碗水熬至水减半，即可食用。

功效：可治疗伤风鼻塞、打喷嚏、流鼻涕等症。

3. 薄荷鸡丝 鸡胸肉 150g，切细丝，薄荷梗 150g，切成段。锅中加底油，烧至七成热，下葱姜末，将鸡丝倒入炒至快熟，加薄荷梗、料酒、盐、味精略炒，即可。

功效：消火祛暑。

4. 薄荷糕　取新鲜薄荷叶 20g，糯米粉 200g、绿豆 200g，白糖 25g，椰蓉少许。先将绿豆加入白糖煮至烂熟，再将薄荷榨汁加入糯米粉中和面，把糯米面蒸熟放凉，然后包豆沙馅，压扁，即可。

功效：清凉，疏风散热、清咽利喉。

5. 薄荷酒　取薄荷油 10g，米酒 50ml，黄酒 50ml，将三者混匀，早晚空腹饮用。

功效：清热解毒，健胃，清咽。

6. 鲜薄荷鲫鱼汤　鲫鱼 1 条，剖洗干净，加葱白 1 根，生姜 1 片，开水煮熟，放鲜薄荷 20g、调味品和油盐，煮 5 分钟即可。汤肉一起吃，每天吃 1 次，连吃 3～5 天。

功效：可治疗小儿久咳。

（二）薄荷茶饮

1. 双花薄荷茶

【材料】金银花 3～5g、薄荷 6～9g（鲜品 15g）、冰糖适量。

【做法】将薄荷叶、金银花清洗干净放入茶杯中，随后加入开水，大概 20 分钟之后闻到药香就可以揭开盖子。放凉之后根据个人口味加入冰糖，能有效改善口感。

【功效】缓解暑热，清利头目、缓解咽喉肿痛，适宜夏季饮用。

2. 薄荷菊花茶

【材料】薄荷叶 8g、菊花 5g。

【做法】将薄荷叶与菊花一起放入杯中，用开水冲泡，盖盖子 10 分钟后打开，根据个人喜好，加入适量冰糖，放凉后服用。

【功效】清热祛火、清肝明目，同时可缓解疲劳、提神醒脑。

3. 玫瑰薄荷茶

【材料】玫瑰花 3g、薄荷叶 5g。

【做法】将薄荷及玫瑰花放入杯中，加入开水，放凉之后饮用为佳。

【功效】适合女性饮用，能舒缓情绪、活血化瘀。

4. 竹叶薄荷茶

【材料】鲜竹叶 6~9g，鲜薄荷叶 2g，绿茶 5g。

【做法】开水冲泡，随时饮用。

【功效】清凉透表、解暑散热。

5. 薄荷芦根茶

【材料】鲜薄荷叶 9g，鲜芦根 30g。

【做法】两味药洗净切碎，放入杯中，用沸水冲泡，频饮。

【功效】缓解伤风所致咽痛、干咳。

六、不良反应及处理方法

（一）消化系统反应

患者，女，34 岁，近期忽感嗓子不舒服，自行购买薄荷糖含服。因想急于治好，又觉薄荷为中药，所以含服较多，两天后突觉胃部不舒服，虚汗不止，经医生检查为含服薄荷糖过量所致。另有病例报道称，一部分患者在应用缓释薄荷油胶囊后，排便时肛门有灼烧感样症状，可能由未被吸收完全的薄荷醇刺激所引起。

（二）变态反应

患者，男，39 岁，在小区内踢毽子锻炼身体过程中，毽子掉落薄荷丛内，在伸手捡起后不久，手部即刻出现瘙痒，皮肤表面有大小不等的红色风团，患者迅速用水冲洗皮肤表面，并前往附近诊所就诊，服用氯雷他定口服液 1 小时后症状减轻，半日后症状消失。

患者，女，34岁。因全身出现密集的针尖大小"腥红热"样皮疹、疹痒，当天前往医院就诊。追询病史，患者前一天因工作时配制痱子液，四肢末端出现少许皮疹，当时未注意。第二天再次接触该溶液，先从面部、颈部潮红而波及全身出现密集皮疹，自觉剧痒伴随灼热感，并出现团块状并融合成片，症状比前一次加重。为明确致敏药物，采取药物贴敷试验，将0.1ml薄荷油贴敷在患者左前臂内侧，24小时后皮肤变红，48小时后局部皮肤红肿，故确诊为薄荷油引起的过敏反应。

（三）口腔系统反应

薄荷桉油含片临床上主要用于急、慢性咽喉炎及消除口臭的治疗，虽然是非处方药，副作用少，但长期服用，会反复刺激口腔黏膜，导致口腔黏膜角化层增厚，炎性细菌入侵，使口腔黏膜受损。所有在服用该药过程中应注意以下几点：

1. 应在口中逐渐含化，勿嚼碎服用。

2. 有过敏体质者慎用。

3. 性状发生改变时禁止使用。

4. 正在使用其他药品时应咨询医师。

5. 一次误食过多，有中毒反应时应及时就医。

薄荷作为临床常用药，在使用不当时，除发生上述不良反应以外，常见的临床表现及体征还有恶心、呕吐、眩晕、眼花、大汗、腹痛、腹泻、口渴、四肢麻木、血压下降、心率缓慢、昏迷等。

（四）呼吸系统反应

患者，男，21 岁。3 年以来每年 8～9 月间反复出现咳嗽，少量白沫痰、胸闷、气急伴乏力、低热，经青霉素等抗炎治疗无效，曾诊断为肺结核，给予异烟肼、利福平、链霉素等正规联合化疗 9 个月无好转。每年发作，延续 2 月。无哮喘既往史和家族史。体查无明显阳性体征。X 线胸片提示两肺纹理增多，两肺野弥漫性斑点状阴影，以中下野为著。肺功能检查，提示中度限制性通气障碍。追问病史，患者居住之乡村种植大量薄荷。患者每年 8～9 月从事收割和初加工薄荷的劳动。时值秋季，潮湿的薄荷堆放一段时日即发霉。因患者与堆放的薄荷接触频繁，怀疑发病与霉薄荷有关。令患者进入堆放枯薄荷的屋内 20 分钟即离开。4 小时后患者感胸闷、干咳、发热。查体：体温 37.6℃，呼吸 22 次/min，心肺未见异常。经泼尼松、氨茶碱及青霉素、阿米卡星治疗 1 周症状消失出院。诊断外源性过敏性肺泡炎。医嘱不再接触薄荷。随访 2 年情况良好，复查 X 线胸片：两肺纹理粗乱，斑点状阴影明显消退。

解救方法通常为：

1. 洗胃用盐类泻药导泻。禁用油类。

2. 静脉输液给予维生素 C、维生素 B_1、维生素 B_6。

3. 对症治疗支持疗法。

参 考
文 献

[1] 杨倩，詹志来，欧阳臻，等．薄荷的本草考证 [J].中国野生植物资源，2018，37（4）：60-64.

[2] 邵扬，叶丹，欧阳臻，等．薄荷的生境适宜性区划及品质区划研究 [J].中国中药杂志，2016，41（17）：3169-3175.

[3] 吴佩佩．杜梅．朱琪．莫代尔 / 薄荷纤维 / 棉混纺段彩纱的开发 [J].科技视界，2015，35：40.

[4] 顾文斐，黄士诚，张绍扬．浅谈建国以来薄荷栽培品种的演变 [J].香料香精化妆品，1986（3）：2-12.

[5] 谢彩真，李从勇．太和县薄荷生产现状、存在问题及发展对策 [J].安徽农学通报，2013，19（17）:52-53.

[6] 王小敏，李维林，赵志强，等．薄荷属植物的组织培养研究进展 [J].江苏农业科学，江苏农业科学，2007（4）：117-121.

[7] 韩学俭．薄荷采收与加工 [J].农经科技，2004（3）：32-33.

[8] 李锡文．我国一些唇形科植物学名的更动 [J].植物分类学报，1974，12(2)：213-234.

[9] 戴克敏 . 国产薄荷属 (*Mentha* Linn.) 的栽培种类初步研究 [J]. 药学学报，1981，16(11)：849-859.

[10] 马双成，魏峰 . 实用中药材传统鉴别手册（第一册）[M]. 北京：人民卫生出版社，2019：442-450.

[11] 王兆丰，丁自勉，何江，等 . 薄荷化学成分、药理作用与产品研发进展 [J]. 中国现代中药，2020，22（6）：979-984.

[12] 梁呈元，李维林，张涵庆，等 . 薄荷化学成分及其药理作用研究进展 [J]. 中国野生植物资源，2003，22(3):9-12.

[13] 沈梅芳，李小萌，单琪媛 . 薄荷化学成分与药理作用研究新进展 [J]. 中华中医药学刊，2012，30(7):1484-1486.

[14] 温亚娟，项丽玲，苗明三 . 薄荷的现代应用研究 [J]. 中医学报，2016，31(12):1963-1965.

[15] 傅超美，刘文 . 中药药剂学 [M]. 北京：中国医药科技出版社，2014:12-15.

[16] 李传真 . 冰片薄荷脑溶液治疗口腔溃疡 [J]. 山西中医，2001(3):42.

[17] 于清跃 . 朱新宝 . 薄荷种植与薄荷精油提取研究进展 [J]. 安徽农业科学，2012，40(13):7911-7913.

[18] 江桂林，朱敏，孙志红，等 . 薄荷油湿热敷治疗粘连性肠梗阻的疗效观察 [J]. 实用临床医药杂志，2008(4):62-63.

[19] 徐虹，郭庭杰，闫卫，等 . 冬青薄荷膏治疗唇周单纯疱疹临床研

究 [J]. 浙江中西医结合杂志，2001(3):39-40.

[20] 胡祥珍，赵燕瑜 . 薄荷油引起迟发型药物过敏 1 例 [J]. 药物流行病

学杂志，1994(2):97.

图书在版编目（CIP）数据

探秘薄荷 / 罗晋萍，康帅主编. — 北京：人民卫生出版社，2021.10（2022.8 重印）
ISBN 978-7-117-32205-8

Ⅰ.①探…　Ⅱ.①罗…　②康…　Ⅲ.①薄荷－研究
Ⅳ.①S567.23

中国版本图书馆 CIP 数据核字（2021）第 204588 号

| 人卫智网 | www.ipmph.com | 医学教育、学术、考试、健康，购书智慧智能综合服务平台 |
| 人卫官网 | www.pmph.com | 人卫官方资讯发布平台 |

探秘薄荷
Tanmi Bohe

主　　编：罗晋萍　康　帅
出版发行：人民卫生出版社（中继线 010-59780011）
地　　址：北京市朝阳区潘家园南里 19 号
邮　　编：100021
E - mail：pmph @ pmph.com
购书热线：010-59787592　010-59787584　010-65264830
印　　刷：北京顶佳世纪印刷有限公司
经　　销：新华书店
开　　本：850×1168　1/32　印张：6
字　　数：105 千字
版　　次：2021 年 10 月第 1 版
印　　次：2022 年 8 月第 2 次印刷
标准书号：ISBN 978-7-117-32205-8
定　　价：46.00 元
打击盗版举报电话：010-59787491　E-mail：WQ @ pmph.com
质量问题联系电话：010-59787234　E-mail：zhiliang @ pmph.com

55检